알면 알수록 빠져드는

지명속담 이야기

알면 알수록 빠져드는 **지명속담 이야기**

초판 1쇄 발행 2026년 2월 28일

지은이   강순돌
펴낸이   김선기
편집   고소영
디자인   작품미디어
펴낸곳   (주)푸른길
출판등록   1996년 4월 12일 제16-1292호
주소   (03877) 서울시 구로구 디지털로 33길 48
            대륭포스트타워 7차 1008호
전화   02-523-2907, 6942-9570
팩스   02-523-2951
이메일   purungilbook@naver.com
홈페이지   www.purungil.com
ⓒ 강순돌, 2026
ISBN   979-11-7267-076-4 (03980)

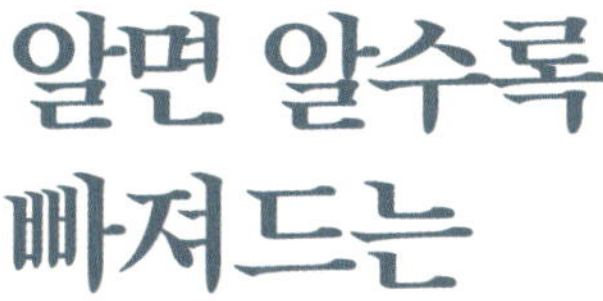

알면 알수록
빠져드는

지명속담 이야기

강순돌 지음

푸른길

| 차례 |

　우리가 일상생활에서 사용하는 속담 중에는 지명이 들어간 속담들이 꽤 있다. 산이나 강, 들, 바다 등 지형지물과 지역에 붙여진 이름이 속담에 포함되어 있다는 뜻이다. 예를 들면, '금강산도 식후경이라', '함흥차사', '안성맞춤'과 같은 속담들이 여기에 해당한다. 속담의 한 요소를 이루고 있는 지명 중에는 그 속담에서 드러내고자 하는 지명의 역할을 한눈에 알아채기 쉬운 것도 있지만 그렇게 하기 어려운 지명도 있다. 금강산이라 하면 누구나 사계절 경치가 아름다운 산이라는 것쯤은 알고 있으므로 '금강산도 식후경이라'라고 하는 속담의 의미를 금방 짐작할 수 있다. 세상에서 제일 아름다운 산을 구경하는 것도 배가 불러야 구경할 맛이 난다는 것이다. 그리고 심부름을 가고서 깜깜무소식이거나 회답이 더딜 때 쓰는 '함흥차사'라는 속담도, 조선 태조 이성계에 관한 역사 지식이 있는 사람이라면 함흥이 왜 속담에 들어가 있는지를 쉽게 이해할 수 있을 것이다.

　그런데 '안성맞춤'이라는 속담은 앞서 언급한 두 속담보다 어떻게 '안성'이 '맞춤'과 조합을 이루고 있는지, 속담에서 안성의 역할을 한눈에 알아채기란 쉽지 않아 보인다. 들은 바가 있어 대략 속담의 뜻은 알겠는데, 안성이 왜 속담 속에서 한 자리를 차지하고 있는가에 관해서는 모를 수 있다. 이것은 조선 시대 안성의 장시와 유기산업의 발달이라는 역사와 그 지리적 배경을 밑바탕에 깔고 있어야만 이 속담을 제대로 풀어낼 수 있기 때문이다.

이처럼 우리가 비록 어떤 지명이 활용된 속담의 사례는 잘 알고 있을지라도, 속담에 왜 그 지명이 들어가 있는지에 대한 역사적 맥락과 지리적 배경에 대해서는 잘 모르는 경우가 많은 것이다. 게다가, 알고 있더라도 정확하지 않을 수 있다. 이런 경우 속담에 들어간 고을이나 장소의 역사적 맥락과 지리적 배경을 알게 되면, 속담이 가진 교훈과 풍자를 선명하게 이해하게 될 것이고, 또 속담을 말하고 듣는 재미가 더 쏠쏠해질 것이다. 하필이면 다른 지명이 아니라 바로 그 지명이 그 속담에 들어가 있을까.

속담

국어사전에 의하면, 속담이란 "예로부터 민간에 전해 오는 쉬운 격언이나 잠언"이라고 한다. 다시 말해 '민간에 전승되어 관용적으로 사용되는 오랜 생활 체험에서 얻은 인생에 대한 교훈이나 경계'를 말한다. 또, 속담은 교훈이나 경계를 표현하기 위해 어떤 사실을 비유의 방법으로 말하는 간결한 관용어구이다. "티끌 모아 태산이라는데 한 푼이라도 아껴 저축하자"라는 말에서 '티끌 모아 태산'이 간결한 관용

어구의 좋은 사례가 된다.

속담의 시초는 삼국시대까지 거슬러 올라간다. 상당수의 속담이 그 시대에 일반화되어 있었다. 그리고 어떤 표현이 하나의 속담으로 정착하기 위해서는 여러 단계를 거쳐야 한다. 우선, 속담은 한 개인의 비유 발언에서 비롯하는데, 그것은 처음부터 마음속에 품고 있던 어떤 기발한 생각에서 나올 수도 있고, 그저 우연히 어떤 사건을 묘사·서술하는 과정에서 나올 수도 있다. 하지만 그 비유의 어구가 새로운 사례에 다시 적용될 때, 그것을 이해한 언어 대중이 그 묘사의 적절함에 공감을 크게 얻지 못하면 속담으로 만들어지기 어렵다. 또 공감되었다 해도 다듬어져야 할 여지가 있으며, 계속해서 다시 인용될 만큼 보편적인 의미를 갖추고 있어야 한다. 즉, 처음 사용되었을 때보다 다듬어지면서 공감한 언어 대중에 의해 거듭 인용되었을 때, 그것은 속담의 자격을 갖추고 언어 사회에 정착할 수 있기 때문이다.[1]

지명속담

이 책에서 다루고 있는 '지명속담'이란 어떤 속담을 말하는 것인가?

---

1. 김종택, 1994

간단히 말하면, 우리가 잘 아는 '티끌 모아 태산'과 같이 속담에 지명이 들어가 있는 속담을 지명속담이라고 한다. 크고 높은 산을 의미하는 '태산(泰山)'이 지명(地名)이기 때문이다. 중국 산둥성에 있는 태산의 해발고도는 1,535m로 그리 높지 않지만, 평야 지대 한가운데에 우뚝 솟아 있는 산지라서 장대하게 느껴진다. 그리하여 이 산을 태산이라고 부르는 것이다. 따라서 지명속담은 일반 속담보다 더 삶의 터전이 되는 고을이나 장소의 지리나 역사와 긴밀하게 관련될 수밖에 없다. 지명에는 선조들의 사상과 생활상이 반영되어 있으며, 지명을 통해 그 지역의 주민 특성을 이해할 수도 있다. 큰 강이나 산과 같은 중요한 지형의 특성을 반영하고 있는 지명은 시대가 바뀌어도 잘 변경되지 않는다.

일단 확정된 지명은 그 땅의 주민이 바뀌어도 새로운 주민의 언어로 이름이 바뀔 뿐, 소멸하지 않고 원래의 의미를 그대로 계승하여 사용하는 것이 일반적이다. 지명이 가진 이러한 특성으로 인해 이미 멸망한 민족이나 종족의 옛 거주지가 지명에 의해 정확하게 규명되기도 한다. 지명이 바뀌지 않고 계속 사용되고 있는 지명은 지명을 처음으로 정한 시대의 특성을 말하고, 지명의 변천은 변경될 당시의 역사를 담고 있다.[2]

---

2. 이철수, 1998

다시 한번 강조하지만, 지명속담의 의미를 제대로 이해하기 위해 서는 속담에 들어간 그 땅의 지리와 역사를 아는 것이 중요하다. 우리가 일상생활에서 속담을 사용할 때 대개는 속담에 표현된 그 땅에 대해서는 깊이 있게 생각해 보지 않고 이 속담들이 나타내는 표면적 인 의미만을 알고 있는 경우가 많기 때문이다. 따라서 지명속담에 들어간 그 땅의 지리와 역사를 알면 속담의 참뜻을 이해하게 되고, 또 속담을 활용하는 데에 큰 도움을 받을 수 있을 것이다.

우리나라 지명속담

우리나라에서 꾸려진 지명속담들은 대부분 조선 시대와 그 이전을 배경으로 하고 있다. 책, 논문, 인터넷 등 다양한 채널을 통해 조사, 수집한 지명속담에 포함되어 언급된 지명은 총 95개였다.[3] 이것을 조선 팔도를 기준으로 하여 도별로 분류하면, 한성(서울)을 포함한 경기 도가 34개, 황해도가 6개, 평안도가 7개, 함경도가 7개, 강원도가 5개, 경상도가 14개, 제주도를 포함한 전라도가 8개, 충청도가 10개였다. 이외에도 고려 또는 조선이 들어간 지명속담과 동해, 삼남 등의 지명

---

3. 한 가지 속담에 두 지명이 활용된 경우, 두 개의 지명으로 계수했다. 지명속담이 존재한다는 것을 확인할 수 있으나 유래를 알 수 없는 것은 제외했다. '작아도 하동 애기'와 같은 몇 가지 지명속담을 싣지 못했다.

속담을 확인했다.

그리고 지명속담은 지명의 속성에 따라 몇 가지로 나눠볼 수 있었다. 첫째, 지방 이름(행정구역명)이 들어간 속담들이다. 효율적인 국가 통치를 위해 구획한 크고 작은 지역 범위의 행정 구역에 붙여진 지명이 속담에 들어간 경우가 대부분이다. 조선왕조에서 규모가 가장 큰 지방 행정단위인 도(道)의 지명이 속담에 활용되었는데, 경기도, 평안도, 강원도, 경상도, 전라도, 충청도 등이 들어간 지명속담이 여기에 해당한다. 경상도, 전라도, 충청도 세 지방을 통틀어 일컫는 삼남이라는 지명을 활용한 사례도 있다. 또한, 도보다 아래 단계의 행정 구역인 부(府), 대도호부(大都護府), 목(牧), 도호부(都護府), 군(郡), 현(縣) 등의 고을 지명이 들어간 지명속담이 있는데, 가장 많은 수의 지명속담이 여기에 해당한다. 예를 들어 한성부 서울을 비롯하여 경주와 평양(부), 영변과 안동(대도호부), 의주와 양주(목), 수원과 강계(도호부), 양천과 신계(현)처럼 다양한 계층의 수많은 고을의 지명이 속담을 형성했다.

둘째, 고려나 조선과 같이 국가명, 국호가 들어간 속담이 있다.

셋째, 앞에서 말한 국가명이나 지방명과 같은 지역명이 아닌 시설명이 속담에 들어간 경우인데, 이 경우 시설이기는 하나 그 위치를 알 수 있는 이름들이기에 지명과 같은 역할을 한다고 볼 수 있다. 서울에 있는 남대문, 수구문과 경기도의 광릉이 포함된 지명속담들이 여

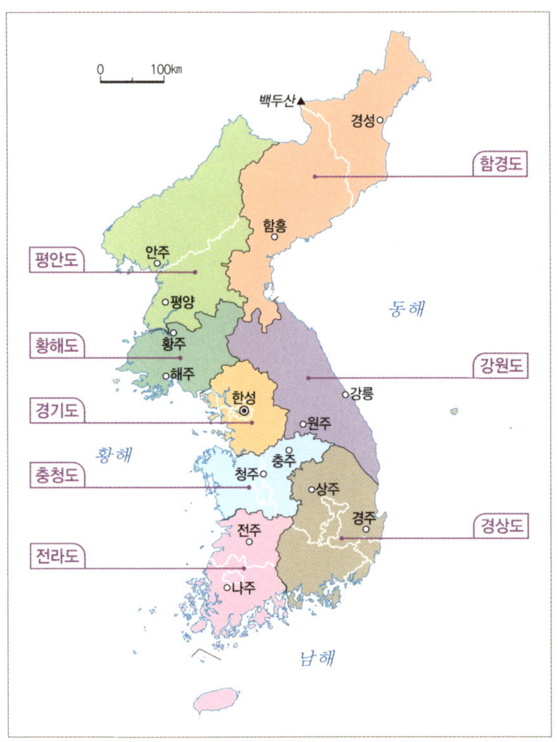

조선 시대의 행정 구역

기에 해당한다. 그리고 홍제원, 송파장, 합천 해인사, 남창장 등과 같이 시설명이긴 하나 고을 지명이 포함된 속담들이 있다.

넷째, 산과 고개가 들어간 지명속담을 빼놓을 수 없었다. 삼각산, 인왕산, 남산, 백운대 등 서울에 소재하는 산을 비롯하여 우리나라에서 가장 높은 백두산, 사계절 경치가 뛰어난 금강산 등이 지명속담을 만들었다. 그 외에도 태백산, 지리산, 한라산, 용문산, 정방산 등이 활용되고 있었으며, 문경새재는 고개가 지명속담에 활용된 경우였다.

다섯째, 강과 바다를 활용한 지명속담이 있었다. 우리나라의 북쪽 경계가 되는 압록강과 두만강은 물론, 서울을 관통하는 한강, 그리고 평양을 가로질러 흐르는 대동강, 영남을 적시는 낙동강 등 5개의 강이 지명속담에 이름을 올렸다. 바다로는 동해가 백두산과 어우러져 하나의 지명속담을 꾸리고 있었다.

제 1 장

국명과 도명을
업은
지명속담

국명속담

1

조선 시대에 널리 퍼져 있던 대표적인 지명속담 중의 하나는 고려 또는 조선이라는 국호가 들어가 있는 속담이었다. '고려공사삼일(高麗公事三日)', 혹은 '조선공사삼일(朝鮮公事三日)'이란 속담이 그것인데, '고려공사삼일'의 용례는 『세종실록』에서 찾을 수 있다. 세종 임금이 평안도 도절제사(都節制使)에 전지(傳旨)하는 과정에서 이 속담을 쓰고 있다. 요지는 이러했다.

평안도의 여러 고을에 일찍이 화통교습관(火㷁敎習官)을 보내어 연대(烟臺) 설치할 곳을 심정(審定)한 바 있다. 그러나 신진(新進)인 이 무리가 혹 잘못 보아 대사를 그르치지나 않을까 염려되어 즉시 시행하지 못하였으니, 경이 친히 가서 관찰하고 그 가부를 생각한 다음 기지(基地)를 정하여 축조하도록 하라. 대저 처음에는 근면하다가도 마지막에는 태만해지는 것이 사람의 상정이며, 더욱이 우리나라 사람의 고질이다. 속담에 '고려공사삼일(高麗公事三日)'이라 하는데, 이 말이 헛된 말이 아니다.

이처럼 『세종실록』에서는 '고려공사삼일'이라는 속담이 끈기와 꾸준함이 없다는 뜻으로 활용되었다. '고려공사 사흘'이라고도 하는데, 고려의 정령(政令)은 사흘 만에 바뀐다는 뜻으로, 착수한 일이 자주 변경되는 것을 두고 하는 말이다.

'조선공사삼일'이라는 속담의 활용 사례는 『어우야담』에 나타나 있다. 사례를 살펴보면, 유성룡이 도체찰사(都體察使)로 있을 때 사흘 전에 보낸 공문을 고칠 필요가 있어 회수시켰더니, 역리(驛吏)가 돌리지도 않은 공문을 그대로 가져왔더라는 것이다. 이유를 물으니 "속담에 조선공사삼일이란 말이 있어 사흘 뒤에 고쳐질 것이 예견되어 보내지 않았다."라고 했다는 것이다. 이에 유성룡은 사과하고, 고쳐서 반포하였다고 한다.

'고려공사삼일'이나 '조선공사삼일'은 이렇게 지속성이 없거나, 공사(公事)나 정령(政令)이 쉽게 바뀌는 것을 비유적으로 일컫는 지명속담이 되었다.[4]

왜, 고려나 조선에서 공사나 정령이 3일 만에 변경되는 일이 일어

---

4. 박갑수, 2015

났을까? 고려나 조선의 공사나 정령 체계가 미흡하거나 사람들이 나태했다기보다는 지명속담이 형성되었던 시기가 고려나 조선 시대였기 때문에, 이런 속담이 형성되지 않았는가 생각한다. 어느 시대, 특히 근대 이전에는 어느 나라를 막론하고 어떤 일이나 법령이 완벽하게 짜이는 것이 극히 드물었기 때문이다.

도명속담

2

전국을 팔도로 나눈 조선 시대 각 도의 명칭은 두 고을의 이름에서 가져온 앞글자를 조합하여 만들었다. 평안도는 평양과 안주, 함경도는 함흥과 경성, 황해도는 황주와 해주, 강원도는 강릉과 원주에서 앞글자를 가져와 조합했고, 충청도는 충주와 청주, 전라도는 전주와 나주, 경상도는 경주와 상주에서 가져와 조합한 지명들이다. 경기도는 예외적으로 서울(京)에서 가까운 지역(畿)이라는 뜻으로 만든 도명(道名)이다. 조선 팔도 중에 도명을 활용한 지명속담은 경기도, 충청도, 평안도, 강원도, 경상도, 전라도 등에서 나타났다.

경기도와 충청도

> • 경기 밥 먹고 청홍도 구실 한다.

경기도, 충청도와 관련한 지명속담에는 '경기 밥 먹고 청홍도 구실 한다.'라는 속담이 있다. 그 뜻은 해야 할 일은 하지 않고 엉뚱한 일을 한다는 것이다. 청주와 홍주의 앞글자를 조합해 만든 청홍도(清洪道)는 충청도를 부르는 다른 이름이다. 청홍도는 충청도의 명칭이 변경된 여러 사례 가운데 하나일 뿐, 경기에 가까웠던 충청도에서는 도명의 변경 수난이 자주 일어났다.

충청도가 청홍도로 도명이 변경된 데에는 다음과 같은 이유가 있었다. 조선 시대에는 역모, 불효, 패륜 등의 죄를 범한 중죄인이 나온 고을은 죄인만 처벌한 게 아니라 그 고을의 격을 낮춰 목·대도호부·도호부를 군·현으로 강등시키고 도명에서 그 고을 이름을 빼버렸다. 목이나 대도호부는 수령이 정3품(목사, 도호부사), 도호부는 종3품(부사), 군은 종4품(군수), 현은 크기에 따라 종5품(현령) 혹은 종6품(현감)이 부임했다.

고을의 격이 강등된 사례 중에 충청도와 관련해 가장 널리 알려진 것은 1549년 '이홍윤과 배광의 역모 사건'이 원인이 되어 벌어진 고을 강등이었다. 이 사건은 역모 4년 전의 '을사사화', 2년 전의 '양재역 벽서 사건'에 연이어 벌어진 일이다. 이홍윤의 형, 이홍남은 평소 사이가 좋지 않았던 이홍윤(윤임의 사위)이 조정을 비난하는 말을 하자, 동생이 모반을 도모한다고 무고했다. 이 일로 이홍윤 등 충주 출신 인물 40~50명이 화를 입었다. 그리고 이듬해에는 충주목이 유신현으로 강등되었으며, 충청도는 기존 청주에다 충주 대신 홍주(지금의 홍성)를 붙여 '청홍도'로 도명이 변경되었다. 1567년 선조가 즉위한 후에야 충청도로 다시 돌아왔다.

따라서 지명속담에서 '청홍도 구실'이란 고을의 격을 낮추는 일과 같은 짓, 즉 엉뚱한 일을 가리키는 것이다. 풀어쓰면 경기라는 조정에서 내리는 녹을 받는 사람이 충청도에서 청홍도로 고을 격의 강등과 같은 조정에 반하는, 흠집을 내는 언행을 한다는 것이다.

평안도

> - 평안감사도 저 싫으면 그만이다.
> - 배부르니 평안감사도 부럽지 않다.
> - 첫애 낳고 보면 평안감사도 뒤돌아본다.

조선 시대 팔도 가운데 하나인 평안도의 관찰사를 평안감사(平安監司)라고 부른다. 평안도 관찰사가 직무를 보는 감영이 평양에 있었고, 평안감사가 평양 부윤을 겸임하였기에 혹자는 '평안감사'를 '평양감사'라고 부르기도 했다. 그래서 평안도 속담을 평양 속담이라고 해도 과언은 아니다.

평안도 지명속담으로는 먼저, '평안감사도 저 싫으면 그만이다.'라는 속담이 있다. 아무리 좋은 일이라도 제 마음에 들지 않으면 억지로 시킬 수 없다는 것을 빗대어 이르는 말이다. 비슷한 의미의 지명속담으로는 '경상감사도 나 싫으면 만다.'를 들 수 있다. 둘째, '배부르니 평안감사도 부럽지 않다.'라는 속담이 있는데, 먹는 것이 걱정 없으니 더는 아무것도 부러운 것이 없고, 평안감사가 발아래로 보인다는 표현이다. 두 속담에서 느껴지는 평안감사라고 하는 자리는 출세의 상징으로 누구에게나 부러움을 샀던 자리이고, 또 많은 부를 축적할 수 있었던 벼슬인 것 같다. 셋째, 또 다른 평안도 지명속담으로는 '첫애 낳고 보면 평안감사도 뒤돌아본다.'라는 속담이 있다. 첫 아이를 낳고 나면 여인으로서의 태도나 행동이 떳떳해지며 아름다움도 돋보이고 예뻐짐을 비유하는 표현이다. 여기서도 평안감사는 높은 신분임을 나타낸다.

왜, 하필 조선 팔도의 감사 중에서 평안감사가 여러 번 지명속담의 주인공으로 등장할까? 평양이 관찰사 소재지인 평안도는 조선의 서북 지방으로 중국과 접경을 이룬다. 조선은 정치, 외교, 경제 등 여러 방면에서 중국의 명·청 왕조와 밀접한 관계를 유지했다. 양국의 사신들이 조선의 도읍지 한양과 명·청 왕조의 도읍지5 사이를 왕래하는 지름길의 길목에 자리 잡은 지방이 평양과 의주가 속한 평안도였다. 조선 내에서 도로는 한양, 평양, 의주를 연결하는 의주대로였는데, 청나라 수도 연경에 이르는 길이라 하여 '연행로'라고도 했다.

평안도는 조선 초기만 해도 함경도와 더불어 전국에서 가장 낙후된 지방이었다. 산지가 많아 경지는 넓지 못하고, 서리 일수가 길어 농작물 재배 기간이 짧은 탓에 식량 생산량은 매우 부족했다. 또, 북쪽에서 위협해 오는 여진족들의 침입을 항상 경계해야 했다. 그리고

---

5. 명나라의 수도는 남경이었다가 북경으로 천도했고, 청나라의 수도는 연경(오늘날의 북경)이었다.

명나라로부터 사신이 들어오는 길목이어서 이들을 접대하는 일에도 백성들의 고역이 뒤따랐다. 이처럼 사신 접대까지 해야 하는 평안도는 함경도보다 더 살기 어려웠다.

하지만 조선 후기에 들어와서는 상황이 달라졌다. 평안도의 형편이 나아지는 쪽으로 급반전했다. 중국에 여진족의 청나라가 들어오면서 평안도 지방으로의 여진족 침입이 잦아들게 되었다. 정묘·병자호란을 통해 청나라와 조선의 관계 정립이 끝난 후에는 과거와 같은 침입이 없어져 평안도는 안전한 땅이 되었다. 또, 후기에는 상공업이 발달하고, 중국과의 무역이 활발해지면서 평안도가 무역의 중심지로 부상하게 되었다. 아울러 평안도는 군사지역으로 분류되어 지방세를 한양으로 보내지 않고 자체적으로 보관하고 군수에 대비할 수 있었다. 이런 조건으로 인하여 평안도는 조선 팔도 중 가장 부유한 재정을 보유한 지방이 되었다.6

고을이 안정되고 부유하면 벼슬아치 개인이 누릴 수 있는 혜택 또한 컸다. 평안감사는 중국과의 무역에서 발생하는 이익에 암암리 간여할 수 있었다. 또 아름다운 경치를 자랑하는 대동강 변의 평양에서

---

6. 조선이 건국한 이후 18세기 초반까지 중앙정부는 평안도 지역의 세금에 대해서는 별반 관심이 없었다. 『속대전』 권2 호전 수세 조에는 다음과 같은 규정이 나온다. '서북의 세곡은 본도에 유보하고 함부로 다른 지방으로 옮겨서는 안 된다.' 서북(평안도)의 세금은 원칙적으로 평안도에서만 사용하게 하고 특별한 사정이 없으면 다른 지방으로 이전할 수도 없었다. 평안도에서 걷은 세금을 평안도에서 관리하게 했으니, 평안도 관리들의 주머니가 두둑해지는 건 당연한 일이었다.

조정의 큰 눈치 보지 않고 기생들과 향연을 즐길 수 있었다. 조선 후기의 화가 김홍도가 그린 「평안감사향연도」와 「평양저잣거리」라는 그림들을 보면 조선의 수도 한양보다 평양이 더 발달해 있었다는 것을 알 수 있다. 아래 그림은 「평안감사향연도」 세 폭의 그림이다. 차례대로 관서팔경의 하나인 평양성 연광정 연회 광경과 평양성 모란봉 기슭의 부벽루에서의 연회 모습, 그리고 밤에 치러진 대동강에서의 행차 장면을 그리고 있다.

의주 상인들은 국경을 넘나드는 국제무역에 종사했기 때문에 원활한 상업 활동을 위해 평안감사나 국경 관리들과 유착 관계를 맺었다. 게다가 평안감사는 의주상인과 개성상인으로부터 상업 허가의 대가로 세를 받을 수 있었다. 이와 같은 여러 가지 정황으로 미루어 볼 때, 평양은 화려하고 부유할 수밖에 없었고, 평안감사는 팔도 지방의 감사 중에서도 가장 선망받는 자리가 되었다.

「연광정연회도」

「부벽루연회도」

「월야선유도」

강원도

- 강원도 포수
- 강원도 참사

'강원도 포수'라는 지명속담은 산이 험한 강원도에서 포수가 사냥을 떠나면 돌아오지 못하는 수가 많았다는 데서 유래한 것이다. 사냥 가서 돌아오지 않는 강원도 포수처럼, 한 번 간 후 다시 돌아오지 않거나, 매우 늦게 돌아오는 사람을 비유하여 이르는 말이다. 같은 뜻을 가진 지명속담으로는 '지리산 포수'가 있다.

잘 알다시피 강원도는 평안도, 함경도 등 북쪽 변경 지역을 제외하면 가장 험준한 산세를 가진 곳이다. 백두대간이 남북으로 지나는 곳으로 산은 높고 골이 깊은 지방이다. 또, 백두대간을 따라 1,000m 이상의 고봉이 즐비하며 한강의 두 물줄기 북한강과 남한강의 중상류에 해당하는 지역이다. 실제 해발고도 500m 이상의 지대가 강원도 총면적의 51.3%(1,000m 이상의 고산지대는 7.7%)를 차지한다. 이런 험준한 산악에 포수가 사냥하러 갔다가 길을 잃어버리고 돌아오지 못하는 경우가 있었다는 것이다.

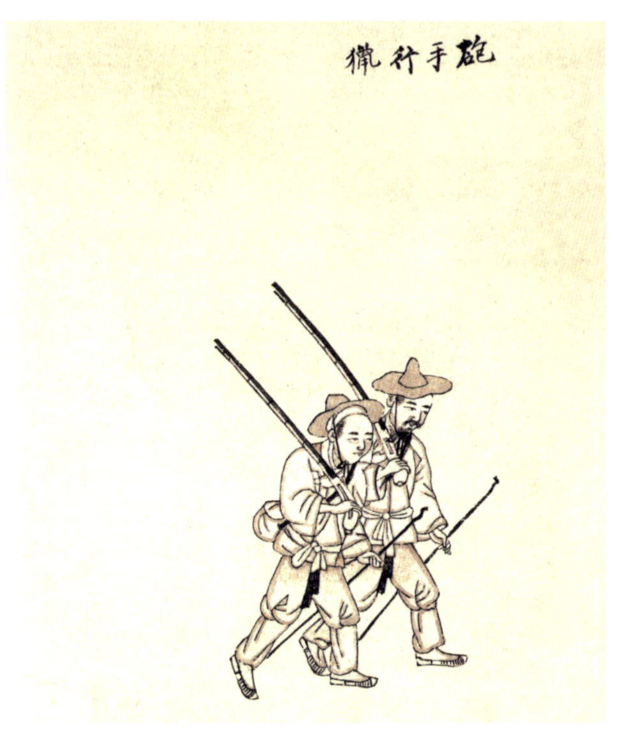

김준근 「포수행렵」

그리고 '강원도 참사'라는 지명속담은 공직에 있는 사람이 서울에서 먼 지역, 그것도 깊은 산골짜기로 근무지를 옮겨 가는 것을 두고 하는 말이다. 강원도는 한양에서 멀리 떨어져 있는 곳이고, 상업이나 교역이 활발하지 못해 관리들이 선호하는 지역이 아니었다. 관리들이 강원도로 발령 난다는 것은 좌천을 의미했기 때문이다.

경상도

경상도 도명이 들어간 지명속담에는 여러 속담이 있으나 의미 있는 속담을 꼽자면, '닫는 말에 채찍한다고 경상도까지 하루에 갈 것인가.'라는 속담을 들 수 있다. 풀어쓰면 '그렇지 않아도 빨리 달려가고 있는 말에 채찍질한다고 하루 만에 경상도까지 갈 수 없다.'라는 뜻이다. 부지런히 힘껏 잘하고 있는 일을 자꾸 더 잘하라고 무리하게 재촉한들 잘될 리 없다는 것이다.

경상도는 수도 서울에서 얼마나 먼 곳이었길래 하루 만에 갈 수 없었을까? 오늘날을 사는 사람으로서는 경상도까지 하루 만에 갈 수 없다는 사실을 상상하기 어렵다. 교통수단의 발달로 서울에서 대구(조선 후기 경상감영)까지는 하루 만에 왕복하고도 시간이 남기 때문이다. 근대 이전, 특히 조선 시대에 서울에서 경상도까지의 거리는 경상도의 중심지, 경상감영까지로 계산하는 것이 큰 무리가 없어 보인다. 경상감영은 경주, 상주, 성주, 안동에 짧은 기간만 있었으나 1601년부터 1896년 경상북도와 경상남도가 분리될 때까지는 줄곧 대구에 있었다.

그래서 조선 후기 약 300년간 가장 오랫동안 경상감영이었던 대구를 기준으로 하여 서울까지의 거리를 계산한 결과는, 1871년 편찬된『영남읍지』에 의하면 670리였다. 그렇다면 이 길은 어떤 도로를 기준으로 계산된 것일까? 서울에서 경상도로 가는 길은 영남대로였다. 영남대로는 조선 시대에 한양(서울)에서 동래(부산)를 왕래하는 가장 빠른 길이었다. 한양의 남대문에서 출발해 문경새재를 넘는 중로(中路)를 택하면 용인, 안성, 충주, 문경, 상주, 칠곡, 대구, 청도, 밀양, 양산을 거쳐 동래까지 걸어서 15~16일이 걸렸다. 총연장은 960리(약 380km)였고, 지금의 경부 국도나 경부선 철도보다 거리상으로 70~80km가 짧았다.

보통 대로에는 30리마다 역(驛)을 두었다. 장국밥 한 그릇 먹고 짚신 신은 길손이 한 번 쉴 때쯤을 표시하는 일식(一息) 또는 참(站)의 거리가 30리였다. '한참 간다'라는 거리 개념도 여기에서 나왔다. 종6품 관직의 찰방(察訪)이 십여 군데의 역을 묶어 관리했으며, 역의 기능을 보조하고 숙식을 제공하는 관(館)과 원(院)을 설치했다. 그리고 서민들이 주로 이용하는 주막도 세웠다.

말의 이동 속도는 어느 정도였을까? 말의 속도는 4단계로 구분하며, 속도에 따라 평보, 속보, 구보, 습보라고 부른다. 가장 느린 평보(平步)는 말이 보통 걸음으로 걷는 속도를 말하며, 1분당 110m로 시속 6.6km에 해당한다. 속보(速步)는 빠르게 걷는 속도로서, 1시간 동안 13.2km를 걷는 속도를 말한다. 구보(驅步)는 말을 채찍질하여 빨리 달리게 하는 속도 구간에 속하며, 시속 19.2km로 달린다. 마지막으로 습보(襲步)는 말이 최대 속력으로 가장 빠르게 달리는 속도로서, 1시간 동안 60~70km를 달린다. 그러나 문제는 말이 계속 습보를 유지하기가 힘들고, 대체로 4~5km 구간에서만 가능하다고 하는 점이다. 또, 사람이 타면 말의 속도는 느려진다. 보통 사람이 타고서 하루에 50km 정도 이동할 수 있으며, 훈련된 전투마는 병사를 태우고 하루에 최고 80~100km 정도의 이동이 가능하다. 서울에서 영남대로로 대구의 경상감영까지의 거리가 263km이므로, 조선 시대의 최고속 교통수단이었던 말을 타고도 하루 만에 이동하기에는 역부족이었다.

- 경상감사도 나 싫으면 만다.
- 경상도서 죽 쑤는 놈은 전라도 가도 죽 쑨다.
- 금일 충청도 내일 경상도
- 딸자식을 두면 경상도 도토리도 굴러온다.
- 경상도임납
- 고개를 영남으로 두어라.

'경상감사도 나 싫으면 만다.'라는 것은 아무리 좋은 일이라도 제 마음에 들지 않으면 억지로 시키기 힘들다는 뜻이며, 앞에서 언급한 '평안감사도 저 싫으면 그만이다.'라는 지명속담과 같은 의미다. '경상도서 죽 쑤는 놈은 전라도 가도 죽 쑨다.'라는 지명속담은 못나고 가난한 사람이 거처를 옮겨 보았자 그 타령이 그 타령이라는 말이다. '금일 충청도 내일 경상도'라는 말은 두 가지 뜻이 있다. 오늘은 충청도로 가고 내일은 경상도로 간다고 함이니, 일정한 주소가 없이 이곳저곳을 떠돌아다님을 이르고, 또는 세상의 무상함을 뜻하기도 한다. 또, '딸자식을 두면 경상도 도토리도 굴러온다.'라는 지명속담은 딸의 중매를 서려고 별의별 사람이 다 찾아든다는 말이다. 그리고 '경상도 입납(入納)'이라는 것은 '남대문입납'과 같은 의미로 쓰이는 속담으로, 주소를 막연하게 써 놓고 찾으려고 하는 것을 비유한다. '고개를 영남(嶺南)으로 두어라.'라고 하는 지명속담은 고개를 넓은 영남 땅으로 향하라는 말이니, 입이 험하여 너무 심한 욕설을 하는 사람에게 하는 말이다. 영남은 문경새재의 남쪽 지방을 일컫는 지명으로 경상도의 다른 이름이다.

전라도

전라도는 한반도 남서쪽 해안에 인접한 지방으로 조선 시대에는 제주 섬도 전라도에 속했다. 전라도 지방은 산지, 평야, 해안 등 지형이 다양하고 기후는 온화하다. 기름진 평야를 안고 있고 서해와 남해를 끼고 있어, 쌀밥에 해물을 곁들이는 음식이 매우 다채롭게 발달했다. 깊은 산이 유명하여 산에서 나는 귀한 산물이 많아 이것을 이용한 음식을 다양하게 만들었다. 이를 반영하듯 전라도 지명속담에는 농산물, 수산물, 임산물과 연계된 속담들이 있다.

'망둥이가 뛰니까 전라도 빗자루도 뛴다.'라는 지명속담이 대표적이다. 이 속담은 남이 한다고 아무 관련도 없고 그럴 처지도 못 되는 사람이 덩달아 날뛴다는 말이다. 망둥이는 갯벌이나 바닥이 진흙이나 모래로 이루어진 강 하구 근처의 해변과 가까운 얕은 물에 주로 서식한다. 몸길이는 10~20cm 정도이며, 위험을 느끼면 갯벌 위를 재빠르게 뛰는 어류이다. 망둥이가 서식할 수 있는 좋은 환경을 제공하는 곳이 전라도 바닷가이다. 이곳은 강에서 운반된 미세한 물질들이 강한 썰물과 밀물의 작용으로 하구와 해안에 넓은 갯벌을 형성하고 있는 곳이기 때문이다.

빗자루 여담

플라스틱으로 만든 빗자루가 등장하기 이전, 빗자루는 자연에서 얻은 재료로 만들었다. 주변에서 흔하게 볼 수 있었던 빗자루는 수수 빗자루다. 방 빗자루로도 쓰지만, 주로 부엌 바닥을 쓸 때 사용한다. 수수는 빗자루를 만들기에 좋은 품종이 따로 있을 정도로 빗자루를 만드는 대표적인 재료였다. 마른 이삭을 두들겨 알곡을 빼내고 남은 것이 재료가 된다. 갈대 이삭 비를 만들 때처럼 모양 나게 묶으면 된다.

또 많이 들어본 싸리비가 있다. 늦가을에 1~2년 자란 싸리나무를 잘라 말린 뒤 이파리를 털어내고 그것을 끈으로 단단히 묶으면 싸리비가 된다. 마당을 쓸면 싸리의 가느다란 가지 부분이 바닥에 쓸리면서 '싸~싸~' 소리가 난다. 싸리는 산지에는 흔하지만, 평지에는 그리 흔하지 않다. 있더라도 물고기잡이에 쓰는 통발, 지게에 얹는 발채 따위를 만드는 데 써야 해서 농촌에서 싸리비를 쓰는 일은 그리 흔하지 않았다. 물물교환이 거래의 기본이던 시절, 엿장수는 돈 대신 이 싸리 빗자루를 받아 가기도 했다.

농촌에서 마당을 쓰는 빗자루는 대개 대나무 가지로 만들었다. 큰 대나무 한 그루의 가지를 모두 훑어내면 빗자루를 딱 1개 만들 정도가 된다. 손잡이용으로 쓸 대나무를 가운데에 꽂고 하나로 묶어 만든다. 말려서 이파리를 떼 내는 것이 보통이지만, 고운 땅을 쓸 때는 푸른 댓잎이 달린 것을 쓰기도 한다. 닳아서 거의 못 쓰게 된 대빗자루는 빨리 태워 없애야 하지 그대로 두면 도깨비가 된다는 이야기도 있다.

빗자루를 만들려고 일부러 집 근처에 심은 식물도 있다. 명아줏과의 식물인 댑싸리다. 크리스마스트리 모양으로 키가 1.5m가량 크는 댑싸리는 밑동을 통째로 베어 퍼진 가지만 묶어서 마당 비로 쓴다. 요즘도 농촌 마을을 지나가다 보면 댑싸리를 자주 볼 수 있는데, 그 쓰임새를 기억하는 사람은 점차 줄어들고 있다.

싸리나 대나무 가지, 댑싸리로 만든 비는 너무 거칠어서 방을 쓸기에는 적당하지 않았다. 방 빗자루는 갈대 이삭으로 만든 것이 가장 좋다. 갈대 이삭이 고개를 조금 내밀 때, 그것을 뽑아다가 소금물에 푹 삶아 말린다. 이런 과정을 여러 차례 반복하면 갈대 이삭이 아주 부드러워진다. 손잡이 부분은 둥글게 묶고, 아랫부분은 한 줌씩 묶어 부챗살을 편 것처럼 모양을 만든다.

봄이 되어 문에 창호지를 바를 때면, 풀을 칠하는 데 쓰는 빗자루가 필요하다. 풀비는 알곡을 떨어낸 벼 이삭으로 만들었다. 겨울날 햇살 아래 앉아 볏짚에서 이삭을 하나씩 뽑아내는 것은 손힘이 부드러운 아이들의 몫이었다. 수천 개의 벼 이삭을 뽑아야 하나의 비를 만들 수 있다. 이것들을 박물관에서나 볼 수 있게 될 날도 머지않았다.

* * *

수수, 싸리나무, 댑싸리 등은 전국적으로 분포한다. 그러나 갈대는 습지나 갯가에, 대나무는 가장 추운 달인 1월의 평균 기온이 영하 3℃ 보다 높은 지역에서 자랄 수 있다. 그리고 벼 작물은 경기도 이남에서 주로 재배되었다. 빗자루 재료 식물들의 생육 환경을 고려해 보건대, 이 모든 조건을 갖춘 지역은 전라도였다. 그러므로 빗자루의 고장은 전라도라고 말할 수 있을 것 같다.

따라서 '망둥이가 뛰니까 전라도 빗자루도 뛴다.'라는 지명속담은 뛰는 망둥이에 빗대어 나온 것으로, 전라도 갯가에서 뛰는 망둥이와 전라도 집안과 동네에서 쓰는 빗자루가 대비되었다. 실은 망둥이와 빗자루는 서로 관련성이 없다. 그럴지라도 망둥이와 빗자루는 전라도를 대표하는 갯벌 어류와 생활 도구였다.

'전라도 곡식이라.' 하는 지명속담은 '두고도 못 먹는 전라도 곡식'이라는 속담과 같은 뜻으로, 필요한 것을 눈앞에 두고도 마음대로 쓰지

못함을 비유하여 이르는 말이다. 전라도가 곡물 생산량이 제일 풍부
했다. 아래의 표, 즉 18세기 초 총경작지 및 논의 비율은 그것을 추정
할 수 있는 좋은 자료이다. 이런데도 곡식을 먹을 수 없었으니, 애절
함이 절로 묻어나는 장면이다.

18세기 초 총경작지 및 논의 비율7

도별	총경작지(결)	논의 비율(%)
경기	101,256	33.9
강원	44,051	
충청	255,208	37.1
경상	336,778	43.5
전라	377,159	48.5
황해	128,834	20.5
평안	90,804	20.8
함경	61,248	8.2
총계	1,395,333	

벼, 보리 다음으로 생산량이 많은 조의 주요 재배 지역은 해남, 고
흥, 강진 등 주로 전남 해안·도서 지대 및 제주도이다. 2009년 통계청
농작물 생산 조사 자료에 의하면, 전라도(제주도 포함)의 생산 면적과

---

7. 『경자양안』(1720), 『한국문화사』 제26권 제3장에서 재인용하였다.

생산량이 각각 1,101ha 중 739ha, 1,360톤 중 897.6톤이다. 전국 대비 각각 67.1%, 66%의 비중에 해당하여 조 생산량의 비중이 상당하였다.

- 전라도 감사가 횟대 찌를 쌌겠느냐.
- 전라도 사람은 벗겨 놓으면 삼십 리를 간다.
- 전라도 사람은 밥상이 두 개

'전라도 감사가 횟대 찌를 쌌겠느냐.'라는 말은 전라도 감사가 얼마나 급했으면 물똥을 다 쌌겠느냐는 뜻으로, 어떤 부정한 사람이 몹시 급한 지경을 당하여 크게 혼이 나는 경우를 비유한다. 횟대 찌는 활개똥의 방언으로 힘차게 내깔기는 물똥을 말한다. '전라도 사람은 벗겨 놓으면 삼십 리를 간다.'라는 것은 안과 겉이 다른 사람을 이르거나, 또는 전라도 인심이 야박하다 하여 이르는 말이다. 그리고 '전라도 사람은 밥상이 두 개'라는 지명속담은 흔히 전라도 사람은 이심(二心)을 쓴다는 데서 나온 어구이다.

삼남(三南)

삼남이란 우리나라 남쪽에 있는 세 지방, 즉 경상도, 전라도, 충청도를 합쳐 부르는 이름이다. 삼남 지명을 활용한 지명속담으로, '삼남이 풍년이면 천하는 굶주리지 않는다.'라는 표현이 있다. 삼남 지방은 예부터 벼농사에 의한 쌀과 이모작으로 짓는 보리, 쌀보리 등 잡곡의 생산량이 많았다. 그래서 곡식이 많이 나는 경상도, 전라도, 충청도가 풍년이면 천하의 백성, 즉 우리나라 백성들이 굶주리지 않게 된다는 것을 가리킨다. 앞에서 제시한 '18세기 초 총경작지 및 논의 비율'이라는 표를 보면, 총경작지와 논의 비율에서 삼남 지방이 차지하는 비중이 매우 높다는 데서 천하가 굶주리지 않을 수 있다는 근거를 찾을 수 있다.

제 2 장

고을과 장소에
얽힌
지명속담

서울의 지명속담

1

조선왕조의 도읍이자 대한민국의 수도는 서울이다. 조선 시대에는 한양도성과 그 주변 성저십리가 한성부(서울)였다. 그러나 오늘날에는 서울의 지역 범위가 한성부 경계를 넘어 넓어졌다. 여기서 '어디까지 서울로 인식해야 하는가?'라는 문제에 봉착하게 된다. 그래서 이 책에서는 독자의 편의를 고려하여, 2025년 현재 서울특별시 행정 구역에 속한 지역을 서울이라고 정의하고, 여기에 한정해 서울의 지명 속담을 소개하고자 한다.

서울이란 말의 기원을 알아보면, 삼국시대 서라벌이었던 신라의 국호가 도읍을 지칭하는 말로 바뀌어 수도(京)를 가리키는 말이 되었고, 그것이 오늘날의 서울이라는 말로 변했다. 삼국시대에 서울은 약 500년간 백제의 수도였고, 통일 신라 시대에는 신주, 한산주, 한주로 불리었다. 고려 시대에는 양주, 남경, 한양부로 바뀌어 불리다가, 이후 조선이 건국하면서 한양은 한성부로서 도읍이 되어 대한제국기와 일제강점기, 미 군정을 거쳐 1949년부터 오늘날까지 수도 역할을 하고 있다.

圖全善首
삼각산(북한산)
백악산(북악산)
창의문
숙정문
혜화문
인왕산
경복궁
창덕궁
창경궁
낙산
종묘
경희궁
돈의문
흥인지문
소의문
광희문
숭례문
목멱산(남산)

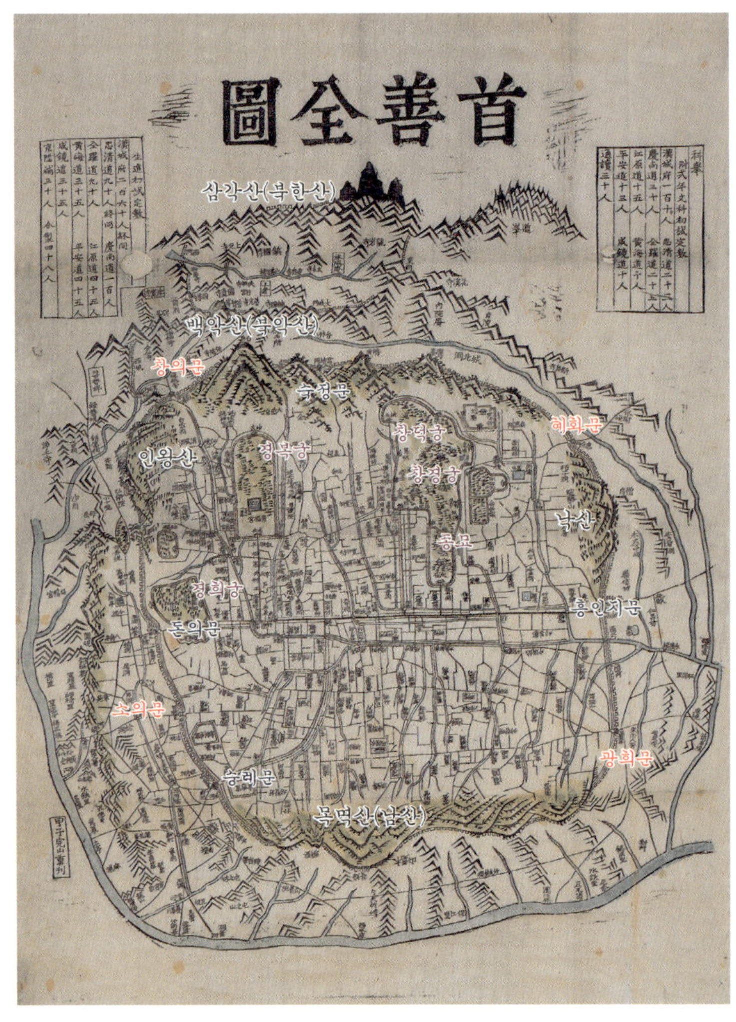

수선전도

- 서울 가서 김 서방 찾는다.

- 서울 김 서방 집도 찾아간다.

- 입만 가지면 서울 이 서방 집도 찾아간다.

- 서울서 매 맞고 송도서 주먹질한다.

- 서울 가서 뺨 맞고 시골 와서 분풀이한다.

- 서울이 낭이라.

- 서울이 낭이라니까 과천부터 긴다.

- 서울이 무섭다니까 남태령부터 긴다.

- 서울에 가야 과거도 본다.

- 서울을 가야 과거에 급제하지

- 남의 종이 되거들랑 서울 양반 종이 되고, 남의 딸이 되거들랑 시정의 딸이 되어라.

- 말은 나면 제주도로 보내고 사람은 나면 서울로 보내라.

- 마소 새끼는 시골로 사람의 새끼는 서울로

- 남이 서울 간다니 저도 간단다.

- 모로 가도 서울만 가면 된다.

- 모로 가나 기어가나 서울 남대문만 가면 그만이다.

- 하룻망아지 서울 다녀오듯
- 입이 서울
- 서울 가는 놈이 눈썹을 빼고 간다.
- 첫 서울 갔던 여편네 지껄거리듯
- 서울 사람은 비만 오면 풍년이란다.
- 서울 사람을 못 속이면 보름을 똥을 못 눈다.

　서울이라는 지명이 지명속담에 들어간 것은 현대에 이르러 공식
명칭이 된 '서울특별시' 때문만은 아니다. 서울, 즉 수도로서 각인되
었던 오랜 세월(특히, 조선 시대)이 만들어낸 결과물이다. 서울이라는 지
명이 속담에서 자리매김하고 있는 의미는 다양하였는데, 크게 다섯
가지 유형으로 구분하여 보았다. 첫째, 서울은 '많음', '넓음'이라는 뜻
으로 속담에 동참했다. 예를 들면 '서울 가서 김 서방 찾는다.', '서울
김 서방 집도 찾아간다.'라는 속담에서 '서울'과 '김 서방'은 둘 다 '많음'
이라는 의미로 쓰였다. 인구가 가장 많은 도시가 서울이고, 이 중에
김씨(金氏) 서방도 가장 많으니 '많음'이라는 의미가 적절해 보인다. 성
씨 중 두 번째로 인구가 많은 이씨(李氏) 서방을 활용한 서울 지명속담
도 있다. '입만 가지면 서울 이 서방 집도 찾아간다.'라는 지명속담인

데, 이는 말만 잘하면 힘든 일도 능히 할 수 있다는 뜻이다.

또 서울은 '넓음'이라는 뜻으로 지명속담에 들어왔다. '서울 가서 김 서방 찾는다.'처럼, 넓은 서울 장안에 가서 주소도 모르고 덮어놓고 김 서방을 찾기 때문이다. 이 지명속담은 주소도 이름도 모르고 무턱대고 막연히 사람을 찾아가는 경우를 비유한다. 이와는 달리 '서울 김 서방 집도 찾아간다.'라는 지명속담은 서울 김 서방일지언정, 즉 어디에 있는지 누구인지 잘 몰라도 찾으려고만 하면 어떻게든 찾아낼 수 있다는 말이다.

둘째, 서울을 '강함', '야박함', '무서움' 등에 비유하여, 서울의 서열이 '을'보다는 '갑'의 위치에 있음을 지명속담에 담고 있다. 좋은 예로 '서울서 매 맞고 송도서 주먹질한다.'라는 지명속담을 들 수 있다. 욕을 먹은 서울에서는 한마디 말도 못 하고 있다가 노염을 송도에서 푼다는 것은, 강자인 서울에는 약하고 오히려 약자인 송도에는 강하기 때문이리라. 서울(한양)은 떠오르는 조선의 도읍이었지만 송도(개성)는 저무는 고려의 도읍이었다. 서울 지명이 활용된 이와 같은 뜻을 가진 다른 지명속담으로는 '서울 가서 뺨 맞고 시골 와서 분풀이한다.'라는 것이 있다. 이것은 윗사람이나 다른 사람에게 꾸지람을 듣거나 매를 맞고서 그 화풀이를 만만한 사람에게 한다는 것을 비유하는 말이다.

또 서울은 야박한 지역의 대명사였다. 조선 이후 우리나라에서 가장 큰 도시였기 때문에 치열한 경쟁 속에서 빚어진 문화적 특징이 '야박함', '무서움'으로 표현된 것이다. 이에 관한 지명속담은 '서울이 낭이라.', '서울이 낭이라니까 과천(삼십 리)부터 긴다.'[8]가 있는데, 서울이 낭, 즉 낭떠러지와 같이 인심이 야박하며, 이 때문에 서울 가까운 과천부터 미리 겁을 먹는다는 뜻이다. 비굴하게 행동할 때도 이런 지명속담을 쓴다. 이와 유사한 지명속담으로는 '서울이 무섭다니까 남태령(서재)부터 긴다.'가 있다. 남태령은 과천 인근에 있으며, 과천에서 서울 오는 길목에 있는 고개이다.

셋째, 서울이 권력의 핵심지역, 즉 임금이 계신 곳이라는 사실을 직설적으로 담고 있는 지명속담들이 있다. '서울에 가야 과거도 본다.', '서울에 가야 과거에 급제하지'라는 지명속담을 보면, 서울이 과거(科擧)의 최상층 중심지라는 사실을 알 수 있다. 지방마다 열렸던 초시가 끝나면 이후 2, 3단계의 시험들은 서울에서 실시하였기 때문에 서울에 가야 최종 과거 시험을 볼 수 있었다. 게다가 어전시(御前試)는 임금 앞에서 시험을 치르기에 한양도성에 있는 궁궐 안에서 시험을 보았다. '서울에 가야 과거도 본다.'라는 것은 우선 목적지에 가 보아야 어떤 일이 이루어지든지 말든지 한다는 뜻이고, '서울에 가야 과거에 급제하지'라는 것은 '하늘을 보아야 별을 따지'와 같이 어떤 결과를

---

8. 이와 관련하여, '서울 가려면 과천에서부터 긴다.'라는 서울보다 과천에 초점을 둔 말이 있다. 과천은 삼남에서 서울로 가는 길목이고 한양도성에 들어가기 전에 마지막으로 머물렀던 곳이라 많은 사람으로 붐비던 곳이다. 일설에 의하면, 이런 입지를 이용해 부과되었던 통행세 때문에 '과천에서부터 긴다.'라는 문구가 등장했다고 한다.(박정숙 엮음, 1999)

얻기를 원한다면 실제로 그에 상응하는 일을 순서대로 해야 함을 비유한다.

양반 중에서도 서울 양반이 지배 계층 중 으뜸이었음을 알려주는 지명속담도 있다. 남의 집의 종이 되려 하면 서울 양반의 종이 되라고 한다. '남의 종이 되거들랑 서울 양반 종이 되고, 남의 딸 되거들랑 시정9 딸 되어라.' 하는 것은 돈 많고 잘 사는 집에 붙이거나 태어나야 복을 받을 수 있다는 말이다.

넷째, 서울은 사람들에게 가장 많이 알려져 있었고 또 사람들이 최고로 관심을 보이는 지역이었다. 서울이 이동의 최종 목적지로서 사람들을 끌어오는 매력 덩어리로 등장한다. 이런 이유로 서울이 자연스레 들어간 지명속담들이 있다. 쉬운 예로 우리가 잘 아는 '말은 나면 제주도로 보내고 사람은 나면 서울로 보내라.'와 '마소 새끼는 시골로 사람의 새끼는 서울로'라는 지명속담이 그것들이다. 사람이 많고, 거의 모든 분야에서 중심지인 서울로 사람을 보내라고 강조한 것이다. 지금까지도 이런 얘기는 유효한 경구로 남아있다.

앞의 지명속담과 같이 '서울로 보내라.'라고 하는 것이 있는가 하면, 스스로 '서울로 간다.'라고 표현하는 것도 있다. 대표적으로 '남이 서울 간다니 저도 간단다.'라는 지명속담이 있다. 남이 서울 간다고 하

---

9. 시정(寺正)은 정3품의 벼슬로 조선의 고위 관료에 해당한다.

니 저도 덩달아 나선다는 뜻으로, 남의 행동에 따라 움직이는 사람을 비유하는 말이다. 또 다른 사례로는 '모로 가도 서울만 가면 된다.', '모로 가나 기어가나 서울 남대문만 가면 그만이다.'라는 지명속담들이 있으며, 이것들은 어떠한 수단이나 방법을 써서라도 처음의 목적을 이루면 된다는 공통된 뜻을 가졌다.

서울이 매력이 넘치는 장소로 암시된 지명속담에는 '하룻망아지 서울 다녀오듯'이란 어구가 있다. 태어난 지 하루밖에 안 된 망아지, 즉 철없는 사람이 아무리 좋은 것인 매력적인 서울을 보아도 소용 없다거나, 보기는 보았으나 무엇을 보았는지 어떻게 된 내용인지 전혀 모른다는 뜻이다. 그리고 서울이 중요한 역할을 한다는 뜻을 내포한 지명속담이 있는데, '입이 서울'이라는 것이다. 먹는 것이 무엇보다 제일이라는 말이므로 서울이 제일가는 고을이라는 데서 연유한다. 또한, '서울 가는 놈이 눈썹을 빼고 간다.'라는 지명속담은 집을 떠나 먼 곳을 갈 때는 아무리 적은 짐이라도 거추장스러워 될 수 있는 한 다 떨쳐버리고 간다는 표현이다. 이런 속담도 있다. '첫 서울 갔던 여편네 지절거리듯'이란 지명속담인데, 무엇이 무엇인지 분간하지도 못하면서 중얼거리고 있는 모양을 비유한다.

다섯째, 서울을 시골과 비교해 서울 사람들이 시골 사정, 세상 물정에 밝지 못한 경우를 지명속담에 담았다. '서울 사람은 비만 오면 풍년이란다.'라는 지명속담은 서울 사람이 농사일에 대하여 전혀 모름을 비웃는 말 또는 무슨 일에 대하여 전연 문외한인 사람이 극히 적은 일부분을 안다고 해서 정말로 아는 체 그릇 단정을 내린다는 뜻이다. 또, '서울 사람을 못 속이면 보름을 똥을 못 눈다.'라는 속담이 있는데, 이것은 어수룩한 듯한 시골 사람이 서울 사람을 더 잘 속인다는 뜻이거나, 시골 사람이 더 지혜가 있고 수가 높은 경우를 비유하는 말이다.

> - 서울 아침이다.
> - 서울 가 본 놈하고 안 가 본 놈하고 싸우면 가 본 놈이 못 이긴다.
> - 서울 겉에 시골내기라.
> - 서울 소식은 시골 가서 들어라.
> - 서울까투리
> - 서울 놈의 글 꼭지 모른다고 말꼭지야 모르랴.
> - 서울에 감투 부탁
> - 서울 혼인에 깍쟁이 오듯

'서울 아침이다.'라는 것은 옛날 서울 양반집 아침처럼 아침이 매우 늦음을 비유하는 말이며, '서울 가 본 놈하고 안 가 본 놈하고 싸우면

가 본 놈이 못 이긴다.'라는 것은 실지로 행하여 보지 못한 사람이 오히려 이론은 그럴듯하고 말이 많다는 뜻이다. 그리고 '서울 겉에 시골내기라.'라는 것은 겉은 서울 사람이요 속은 시골내기라 함이니, 본래부터 서울에 사는 사람이 아니어서 가끔 시골티를 내는 사람을 비웃는 말이다. '서울 소식은 시골 가서 들어라.'라는 것은 가까운 소식을 먼 데서 잘 아는 수가 있다는 말이거나 가까운 곳의 일은 잘 모르지만 먼데 일은 잘 알고 있다는 것을 나타낸다.

　'서울까투리'란 숫기가 많아서 수줍음이 없는 사람을 말한다. 서로 낯익은 사이라 조금도 어색하거나 부끄럽지 않을 때를 이르거나, 또는 사교적으로 세련된 여자를 이르는 어구이다. 까투리의 원뜻은 암꿩이지만 지명속담에서는 몹시 약아빠진 사람을 나타낸다. 그리고 '서울 놈의 글 꼭지 모른다고 말꼭지야 모르랴.'라고 하는 것은 글을 모른다고 말꼭지조차 모를 줄 아느냐는 뜻으로, 어떤 한 가지를 모른다고 하여 너무 깔보지 말라고 비유하여 이르는 말이다. '서울에 감투 부탁'이란 것은 좋은 결과가 이루어질 수 없는 데에 기대를 거는 행동을 비유하거나, 아무리 부탁하고 요구해도 막연하고 이루어질 가망이 없는 경우에 표현하는 지명속담이다. 마지막으로 '서울 혼인에 깍쟁이 오듯'이란 것은 관계도 없는 사람들이 많이 모여들 경우를 두고 하는 말이다.

남대문(南大門)

- 남대문 구멍 같다.
- 남대문이 게 구멍
- 남대문입납
- 시골 당나귀 남대문 쳐다보듯 한다.
- 남대문에서 할 말을 동대문에 가서 한다.
- 남대문 열렸다.
- 일그러진 방망이 서울 남대문에 가니 퍽했다.

남대문은 숭례문의 별칭으로 조선 태조 7년(1398)에 건립되었다. 크기가 정면 5칸, 측면 2칸이며, 문 위로 2층 누각을 지었다. 누각의 지붕은 우진각 형태이고, 처마에 많은 공포를 장식한 다포(多包) 양식을 하고 있다. 숭례문의 현판 글씨는 이수광의 『지봉유설』에 의하면, 양녕대군의 글씨라고 한다. 조선을 건국한 태조가 한양으로 도성을 옮기고 성을 쌓으면서 사대문을 만들었는데, 숭례문은 그중 남쪽 문으로 그래서 '남대문'이라 부르고 있다.

지금은 대부분 사라지고 흔적만 곳곳에 남아있을 따름이지만, 서울

남대문(1900)

은 수백 년 동안 성곽도시였다. 왕궁을 중심으로 서울을 성곽으로 에워싸 숭례문, 흥인지문, 돈의문, 창의문, 숙정문 등 몇 곳의 문을 통해서만 드나들 수 있게 했다. 새벽에 도성 문이 열렸다가 한밤이 되면 굳게 닫히는, 도성을 드나드는 모든 사람의 출입이 통제되는 성문이었다. 그중에서도 숭례문은 가장 규모가 컸던 서울의 대표적인 관문이었다.

남대문은 한양도성의 관문으로서, 국보 1호로 지정될 만큼 상징적 의미와 가치가 매우 높으며, 우리의 일상언어와 생활 속에 깊숙이 들어와 있다. 일상생활에서는 어린 시절 누구나 해봤을 '남대문놀이'가 대표적이다.

"동동 동대문을 열어라/ 남남 남대문을 열어라/ 열두 시가 되
면은 문을 닫는다."

남대문이 디자인된 우표(1947, 1982)

대한민국 우표 디자인에도 여러 번 등장했다. 남대문은 1947년 이
후 모두 14번에 걸쳐 한국을 상징하는 우표 디자인의 소재가 되었다.
건국 이후 3년 8개월마다 한 번씩 숭례문 우표가 나온 셈이다. 그중
1982년 한미 수교 100주년 기념 우표에는 미국을 상징하는 자유의 여
신상에 대응해 한국의 남대문이 디자인되었다. 이처럼 남대문은 서
울의 상징물을 넘어 한국을 대표하는 상징물이었다. 따라서 남대문
이 속담에 활용되지 않을 수 없었다. 박갑수에 의하면[10], 우리 속담에
'남대문'이란 말이 들어가는 것이 너덧 개 있다고 했다. 아래에 그의

10. 박갑수, 2015

글을 수정 인용한다.

우리 속담에 '남대문 구멍 같다.', '남대문입납(南大門入納)', '모로 가나 기어가나 서울 남대문만 가면 그만이다.', '일그러진 방망이 서울 남대문에 가니 팩했다.'와 같은 속담들이 그것이다. 이들 속 담에 쓰인 '남대문'은 '큼'을 나타내거나, '서울' 또는 '장소'로서의 남대문을 가리킨다.

그런데 이와는 다른 뜻으로 쓰인 '남대문'도 있다. '남대문이 게 구멍'이란 것이 그것이다. '남대문 구멍 같다.'가 그 구멍이 매우 큼을 나타내는 데 대해, 그 구멍이 게 구멍처럼 작다는 것을 의미 한다. '춘향전'에도 보면 다음과 같은 구절이 보인다.

남대문이 게 구멍이요, 인경이 매 방울이요, 선혜청(宣惠廳)이 오 푼이요, 호조(戶曹)가 서 푼이요, 하늘이 돈짝 같고, 땅이 매암 돈다.

이는 경판(京板) '춘향전'에 보이는 것이거니와, '남원 고사'에도 같은 표현이 보인다. 도령이 춘향의 집에서 술에 취했을 때의 모습이다. 술에 취했을 때는 마음이 호탕하고 담대해져 모든 것이 작게 보이는 가 하면, 세상이 빙빙 돎을 나타낸 것이다.

　인용문과 같이, '남대문 구멍 같다.'에서 구멍은 매우 크다는 의미를 담고 있다. 반대로 '남대문이 게 구멍'에서 구멍은 게가 지나다니는 곳이므로 구멍이 매우 작음을 나타낸다. 이처럼 우리 조상들은 실제 똑같은 남대문을 두고서 크기를 상황에 따라 서로 다르게 인식하는 융통성을 보였다. 또 '남대문입납'이란 지명속담은 주소가 분명치 않은 편지, 또는 이름도 주소도 모르고 집을 찾는 행동을 조롱하는 말이다. 그래서 주소가 불분명한 편지나 이름도 모르고 집을 찾는 사람을 보면 '남대문입납'이라는 말로 조롱했다.

　'시골 당나귀 남대문 쳐다보듯'이란 시골 당나귀가 서울의 남대문을 보아도 그것이 무엇인지 모른다는 뜻으로, 나쁜 내막을 전혀 모르고 그저 보고만 있음을 일컫는다. '남대문에서 할 말을 동대문에 가서 한다.'라는 말은 엉뚱한 곳에 가 하소연하는 경우 쓰는 지명속담이다. 그리고 우리가 잘 알고 있듯이 '남대문 열렸다.'라는 관용어는 남자 바지의 지퍼가 열려 있다는 것을 우회적으로 표현하는 말이다. 한편, '일그러진 방망이 서울 남대문에 가니 팩했다.'라는 지명속담은 시골에서는 똑똑한 체하던 사람이라도 서울에 가면 기가 꺾인다는 뜻이다. 시골 사람들은 서울의 남대문만 보아도 신세계를 보는 느낌을 받고 잔뜩 움츠리게 되었다. 남대문은 곧 서울이었기 때문이다.

남산(南山)

남산(262m)은 산의 고도가 높지는 않지만, 한양도성의 성곽이 지나가는 산으로 서울 방어의 요충지였다. 이러한 지리적 위치로 말미암아 남산은 조선 왕실로부터 국토와 왕조를 수호하는 진산(鎭山)으로서 작위를 부여받고 위엄스럽고도 성스러운 신산(神山)으로 대접받았다. 그리하여 소나무를 심었으며, 성스러운 산으로 보존하려고 심혈을 기울였다.

남산은 주변에서 볼 때 높은 곳이어서 전망이 좋았다. 궁궐이 위치한 낮은 지대에서도 훤히 남산이 보였기 때문에 남산은 나라가 위급할 때 이 사실을 신속하게 전하는 통신 수단으로서 봉수가 자리 잡기에 좋은 장소였다. 『세종실록지리지』에는 여러 군현 지역에서 '남산(南山)'이라는 지명이 나오며, 남산이라는 지명을 사용한 곳은 봉수대

남산 봉수대

가 있는 곳이라는 증거였다. 남산의 남(南)은 오행설에서 불(火)의 의미로 쓰여, 조선 시대에 봉수대가 있는 곳은 주로 남산이었다. 그중 한양도성의 남산 봉수대는 전국에서 올라온 모든 봉수의 종착지였다. 남산은 목멱산으로도 불렸는데, 이는 조선을 건국한 태조가 한양으로 천도하면서 이곳에 목멱대왕을 모신 사당을 세워, 나라에 큰일이 일어났을 때 하늘에 제사를 지냈기에 붙여진 이름이었다.

전국 각지에서 오는 봉수를 구분하여 받기 위해 제1 봉수대에서 제5 봉수대에 이르는 다섯 곳의 봉수대가 남산에 설치되었다. 제1 봉수대는 함경도 - 강원도 - 양주 아차산, 제2 봉수대는 경상도 - 충청도 - 광주 천림산, 제3 봉수대는 평안도 강계 - 황해도 - 한성 무악 동봉, 제4 봉수대는 평안도 의주 - 황해도 해안 - 한성 무악 서봉, 제5 봉수대는 전라도 - 충청도 - 양천 개화산을 거쳐 남산에 이르는 봉수를 받았다. [11]

봉수는 전황(戰況)에 따라 5번을 올리는데 이상이 없는 평상시에는 1홰, 적이 나타나면 2홰, 경계에 접근하면 3홰, 경계를 침범하면 4홰, 접전 중이면 5홰를 올리게 되어 있었다. 그래서 봉수대마다 5개의 굴뚝이 있는 것이다. 남산 봉수대는 1394년에 설치되어 1895년까지 501년간 운영되었다. 이런 남산 봉화와 관련한 지명속담이 있었으니, 바로 '남산 봉화 들 제 인경 치고, 사대문 열 제 순라군이 제격이라.' 하는 속담이다. 비상사태를 알리는 봉화가 남산에 오를 때 인경(종)을 치는 것이나 새벽 통행금지 시간이 끝나면서 사대문을 열 때[12] 통행자를 단속하는 순라군이 나타나는 것은 다 격에 맞는 일이란 뜻으로, 이 지명속담은 두 가지가 서로 잘 어울린다는 것을 담아내고 있다.

이제 앞에서 잠깐 언급한 남산 소나무가 등장하는 지명속담에 관

---

11. 서울 남산(목멱산) 봉수대 터 안내판을 참고하였다.
12. 조선 개국 후 태조 5년부터 도성의 사대문과 사소문을 여닫기 위해 종로에 설치된 큰 종을 쳤다. 새벽을 치는 종을 파루(罷漏, 33번, 오전 4시경), 저녁을 치는 종을 인정(人定, 28번, 밤 10시경)이라 했다. 인정은 우주의 일월성신 28수에 고하는 것이고, 파루는 제석천이 이끄는 하늘의 33천에 고하여 그날의 국태민안을 기원하는 것이다.

한 이야기로 넘어가 보자. '남산 소나무를 다 주어도 서캐 조롱 장사 하겠다.'라는 지명속담이 있는데, 이것은 남산의 소나무를 다 주어도 고작 서캐 조롱 장사밖에는 못 한다는 것이다. 소견이 옹졸하고 몹시 좁을 때 비유하여 쓴다. 여자아이들이 차는 조롱이 작다고 하여 서캐 조롱이라 했다. 그럼, 서캐 조롱에 비교해 남산의 소나무는 얼마나 귀했을까? 남산 소나무는 역사가 오래되었다. 『태종실록』에 다음과 같은 기록이 나온다.

> 대장(隊長), 대부(隊副) 등을 동원하여 20일 동안 남산 등지에 소나무를 심었다. 공조 판서 박자청(朴子靑)을 한경(漢京)에 보내어 각령의 대장, 대부 5백 명씩과 경기(京畿)의 정부(丁夫) 3천 명을 데리고 남산(南山)과 태평관(太平館)의 북쪽에 무릇 20일 동안 소나무를 심게 했다. [13]

위 기록에서 알 수 있듯이, 남산 소나무 숲은 조선 태종대에 조성한 인공림이었다. 남산의 소나무 인공 숲은 잘 관리되고 보존되어야 했다. 남산이 한양의 풍수지리에서 '안산(案山)'에 해당하는 산이었기 때문이다. 소나무 숲을 관리하는 감역관과 산지기도 별도로 두었다. 그

---

13. 『조선왕조실록』 태종 11년(1411) 1월 7일 자

리고 남산의 소나무는 궁궐을 짓거나 배를 건조하는 등의 용도로 이용할 수 없었다. 심지어는 1593년 임진왜란으로 불탄 궁궐을 대신하는 선조의 임시 거처를 지을 때도 남산의 소나무만은 손대지 않았다. 소나무를 벌채하는 자가 있으면 곤장으로 엄히 다스렸다.

조선 시대에 남산의 자연과 생태 보호는 풍수 덕분에 제도적으로 보장받고 있었다. 남산의 탁월한 식생이었던 소나무는 남산의 지덕을 보존하고 배양하는 중요한 나무로 여겨졌고, 소나무의 생육은 조정에 의해서 적극적으로 관리되었다. 국초부터 남산은 소나무를 베지 못하는 금송 지구로 지정하여 관리하였으니, 흔히 남산의 나무 하면 소나무가 떠오르는 것에는 이러한 역사적 배경이 자리 잡고 있다.

마지막으로 남산을 활용한 지명속담으로는 '배가 남산만 하다.'란 표현이 있다. 남산의 형상이 배가 부른 모양과 닮아서 형성된 것으로, 임신한 여자의 배를 두고 이르는 말이거나 되지 못하게 거만하고 떵떵거림을 빙자하고자 할 때도 쓰는 말이다.

남산골(南山-)

- 남산골샌님 (남산골 딸깍발이)
- 남산골샌님은 뒤지 하고 담뱃대만 들면 나막신을 신고도 동대문까지 간다.
- 남산골샌님은 망해도 걸음 걷는 보수는 남는다.
- 남산골샌님이 역적 바라듯 한다.
- 남산골샌님이 신청한 고직이 시킬 재주는 없어도 뗄 재주는 있다.

남산골은 어디이며, 남산골샌님은 어떤 사람들이었을까? 남촌이라고도 불렸던 남산골은 한양도성에서 서에서 동으로 흐르는 청계천의 남쪽 일대, 특히 남산 기슭을 일컫는다. 하급 관리나 벼슬길에 오르지 못한 가난한 선비들이 모여 살았다. 이와 반대로 청계천 북쪽의 궁궐 근처 북촌은 조선의 정치, 경제의 중심지였고, 왕족이나 벼슬 높은 관리, 권세 있는 양반들의 거주지였다. 풍수지리적으로 궁궐이 있는 북촌은 명당이었지만, 남촌은 그렇지 못했다. 이런 점에서 북촌은 궁궐 입지뿐 아니라 권세가들의 거주지로서 선호될 수밖에 없는 입

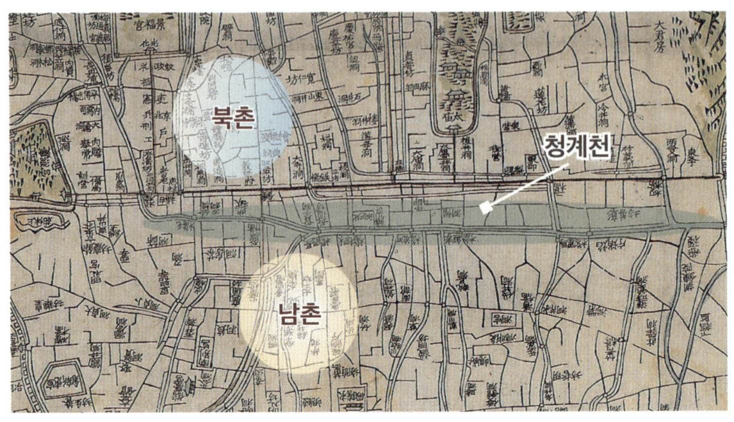

북촌과 남촌

지 조건을 갖추었던 곳이다.

남산골샌님이란 실세인 북촌 양반들이 몰락한 남산골 양반들을 얕잡아 부른 데서부터 시작된 호칭이다. 남산골샌님에게는 '딸깍발이'라는 별명이 있었다. 가난한 선비들이 돈이 없어 신발을 따로 장만하지 못하고 맑은 날에도 비 오는 날 신는 나막신을 신고 다녔는데, 이때 나막신에서 나는 '딸깍딸깍'하는 소리가 별명이 되었다고 한다. 딸깍발이 남산골샌님은 융통성 없는 가난한 선비를 가리키는 말이었다.

남산골샌님에 관련된 지명속담 몇 가지를 더 소개하고자 한다. 먼저 '남산골샌님은 뒤지 하고 담뱃대만 들면 나막신을 신고도 동대문까지 간다.'라는 지명속담이다. 의관을 제대로 갖추지 않은 채 외출하는 모습을 비유하는 표현이다. '뒤지'라는 것은 뒤를 보고(똥을 누고) 밑을 씻는 종이이고, '나막신'은 앞뒤에 높은 굽이 있어 비 오는 날이나 진 땅에서 신는 나무를 파서 만든 신이다. ([']평양' 참조)

또 다른 남산골샌님 지명속담으로는 '남산골샌님은 망해도 걸음 걷는 보수(步數)는 남는다.'라는 것이 있다. 이것은 남산골 선비가 망하여 아무것 없어도 그 특이한 걸음걸이만은 남는다는 뜻으로, 몸에 밴 버릇은 없어지지 않음을 빗대어 이르는 말이다. 그리고 '남산골샌님이 역적(逆賊) 바라듯'이라는 지명속담은 가난한 사람이 엉뚱한 일을 바란다는 뜻으로, 몰락한 양반들이 벼슬길에 오를 길이 없으니 '혹시 역모 사건이 일어나면 그 참에 벼슬자리를 얻을 수 있지 않을까?'를 기대해 역적이 생기기만을 바란다는 것이다.

마지막으로 '남산골샌님이 신청한 고직(庫直)이 시킬 재주는 없어도 뗄 재주는 있다.'라는 지명속담이 있다. 아무런 세력이 없는 남산골샌님이 창고지기를 시켜줄 수는 없어도 여론을 일으켜 못 하게 할 수 있다는 말로, 무슨 일이나 해줄 수는 없어도 방해하여 못 하게 할 수 있다는 뜻을 가진다.

북촌(北村)

남산골에서 언급했듯이, 북촌은 조선 시대부터 청계천을 기준으로 그 북쪽에 있는 마을을 가리키던 이름으로, 경복궁과 창덕궁, 종묘 사이에 자리 잡은 동네를 일컫는다. 높은 관직에 있는 양반들이 모여 살던 곳으로 멋진 한옥이 많은 고급 주택지였다. 지금도 원서동, 재동, 계동, 가회동, 인사동을 중심으로 전통 한옥이 남아있어 옛 정취를 느끼게 한다.

샛강은 본래 큰 강의 줄기에서 한 줄기가 갈려 나가 중간에 섬을 이루고, 하류에 가서는 다시 본래의 큰 강에 합쳐지는 강을 뜻한다. 한강에서 여의도를 돌아가는 샛강이 좋은 사례이다. 그럼, 이 속담에 나오는 샛강은 어디를 말하는 걸까? 사전의 정의에 따른 샛강은 한양 도성 내에서는 찾아보기 힘들다. 그래서 속담에서의 샛강을 그냥 개천으로 보면, 북촌 앞을 흐르는 청계천과 그 물줄기들이 북촌과 잘 어울리는 샛강이라고 할 수 있다.

북악산과 인왕산, 남산 등으로 둘러싸인 서울 분지의 모든 물은 청계천에 모여 동쪽으로 흐르다가 왕십리 밖 살곶이다리 근처에서 중랑천에 합류한 후 흐름이 서쪽으로 바뀌어 한강으로 들어간다. 청계천은 봄과 가을에는 물이 말라 바닥을 드러냈고, 여름에 큰비가 내리면 범람하는 개천이었다. 제대로 된 치수 시설이 없던 시절, 청계천이 범람해 인근 행랑과 민가에 피해를 주기 일쑤였다. 예로부터 청계천 다리 밑에는 많은 하층민이 움막을 치고 모여 살았는데, 다음과 같은 이규태의 「청계천고사(淸溪川故事)」를 보면 이것이 선명해진다.

청계천의 수표교는 수위를 재는 수척(水尺)이 세워져서 유명한 것뿐만은 아니다. 지금은 서울의 홈리스(homeless)들이 파고다 공원과 서울역 지하 전철에 모이지만 옛날 홈리스들은 바로 이 수표교 아래에 모였었다. 굶주리며 노숙하고 있는 홈리스들을 위해 성안 명가(名家)들의 적선 행차가 잇달았었다.

"북촌 여흥 민씨 적선이요!", "광통방 천녕 현씨의 적선이요!" 외치며 빈자떡 실은 수레를 끌고 와 떡을 수표교 아래로 던져 주었다. 그럼 이 떡을 받아 허기를 메운다 하야 수표교를 빈자떡 다리 또는 적선 다리라고도 했다.

'샛강 물소리 멎을 때'는 날이 밝은 아침을 말한다. 밤에는 작은 소리도 멀리 퍼져 가지만 사람이 활동하는 시간이 되면 작은 소리는 생활의 소리에 묻히기 마련이다. 북촌의 양반댁 마님들이 아침 일찍 일어나 청계천 다리 밑에 사는 불쌍한 이들을 먹이려고 빈대떡을 만드느라 분주한 모습을 담은 것이 바로 이 지명속담이다.[14] 굉장히 바쁜 모양을 빗대어 이를 때 '샛강 물소리 멎을 때 북촌 마님 빈대떡 주무르듯'이라는 표현을 썼다고 한다.

14. 박일환, 2011

북문(北門)

한양도성의 사대문 중 북대문에 해당하는 북문은 처음에는 숙청문(肅淸門)이었으나, 뒤에 이름이 바뀌어 지금은 숙정문(肅靖門)이라고 부르고 있다. 종로구 삼청동의 북악산(백악산) 동쪽 고갯마루에 있으며, 지금의 문은 1976년에 복원한 것이다. 다른 대문들과는 달리 산세가 험준한 곳에 세워진 까닭에 드나드는 사람이 적어 처음부터 대문 구실을 제대로 하지 못했으며, 그래서 남대문이나 동대문처럼 '북대문'으로 불리지 못했다.

북쪽은 음양오행 가운데 음에 해당하기 때문에 나라에 가뭄이 들 때는 숙정문을 열고 양에 해당하는 남대문을 닫아 두었다. 양의 기운을 억제하고 음의 기운을 불어넣음으로써 비가 내리도록 하겠다는 것이었다. 북문에 관한 다른 이야기 하나는 숙정문이 음에 해당하는 위치에 있는 문이기 때문에 이 문을 열어 놓으면 음기가 들어와 성안의 여자들이 음란해진다고 염려하여 문을 닫아 두었다는 이야기이다. 그리고 부녀자들 사이에서는 북문을 세 번 다녀오면 그해의 액운이 없어진다는 속설이 퍼져 이곳으로 부녀자들의 출입이 잦았다고 한다. 그리하여 나라에서는 해마다 정월이면 사흘 동안 북문 나들이를 허용했다고도 한다. 이때 많은 부녀자가 치장하고 북문에 모여들었으며, 여자들이 많이 모이니 자연히 호기심 많은 건달패나 한량들이 모여들었다.

북문에 여자들이 많이 모인다는 사실을 전해 듣고 혹시나 하는 마음으로 북문 근처를 배회하며 기웃거리던 그 당시 남정네들의 모습이 그려진다. 개중에는 장가 못 간 노총각이나 누가 보아도 못난 사내도 있었으리라.[15] 여기서 '사내 못난 것은 북문에 가 호강 받는다.'라는 지명속담이 생겨났다. 조선 후기에, 아무리 못난 사내라도 서울의 북쪽에 있는 숙정문에만 가면 많은 부녀자로부터 추파를 받고 환대를 받았음을 비유하는 말이다.

---

15. 박일환, 2011

삼각산(三角山)

> • 삼각산 밑에서 짠물 먹는 놈
>
> • 삼각산 바람이 오르락내리락 (삼각산 풍류)

삼각산은 북한산의 옛 이름으로, 고려 시대 때 처음으로 등장했다. 이름 그대로 세 봉우리(만경대, 백운대, 인수봉)가 뿔(角)처럼 뚜렷하게 드러나서 붙여진 이름이다. 삼각산은 서울의 지리와 역사의 상징이었다. 서울을 대표하는 산이기도 했지만, 서울 사람들이 삼각산에 대해 가진 심정이 각별했기 때문이다.

조선 시대에 들어와 삼각산은 최고의 영예를 차지했다. 서울이 조선의 왕도가 되면서 삼각산이 서울의 진산(鎭山)[16], 조선의 주산(主山)이 된 것이다. 한양도성을 지켜주는 산이었다. 신경준은 조선의 12대 명산을 지정하면서 삼각산을 첫 번째로 꼽았다. 그는 "삼각산을 (나라) 산의 우두머리로 삼은 것은 서울을 높인 것"이라고 했다고 한다.

오늘날 지도에서는 삼각산의 세 봉우리 중 백운대(835.5m)를 북한산

---

16. 조선 중기의 관찬지리지인 『동국여지승람』에 '삼각산은 경성의 진산'이라고 표기하고 있다.

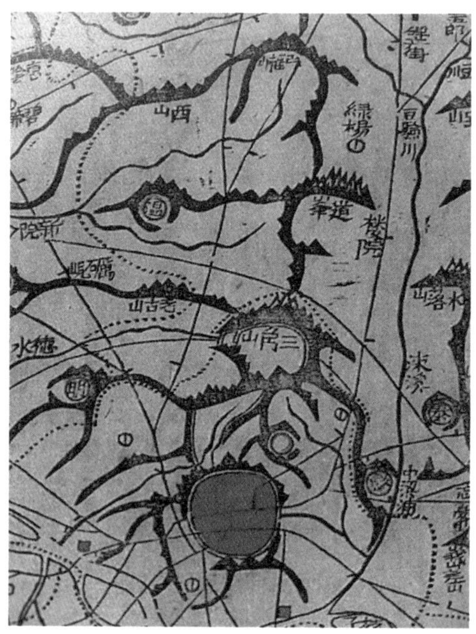

서울 산줄기와 삼각산

으로 표기하고 있다. 백운대는 인수봉(811m), 만경대(799m)와 함께 북한산 일대에서 가장 높이 우뚝 솟아 있고 화강암 돌산으로 멀리서도 조망이 가능한 서울의 명산이다. 북한산은 1983년에 국립공원으로 지정되었다. 북한산의 가치는 다방면에 걸쳐 어느 정도인지 미루어 헤아리기가 어렵다. 북한산 없는 서울을 상상하기 힘들기 때문이다.

그럼, 이제 삼각산 지명속담을 찾아가 보자. 첫째, '삼각산 밑에서 짠물 먹는 놈'이란 것은 인심 사나운 서울에서 먹고살아 온 놈이라는 뜻으로, 앙큼스럽고 인색하며 매정한 사람을 가리킬 때 쓰는 말이다. '야박함'이라는 뜻을 가진 '서울' 지명속담과 그 나타내고자 하는 의미가 비슷하다. 지명속담에서 '삼각산 밑'이란 곧 서울을 말하기 때문이다. 둘째, '삼각산 바람이 오르락내리락' 한다는 것은 바람이 제멋대로 오르락내리락한다는 뜻이다. 이것은 거들먹거리면서 하는 일 없이 놀아나거나 출입이 잦음을 비웃는 말이다. 바람이 자기 멋대로 오르락내리락한다는 뜻이니 절제하지 않고 제멋대로 즐겁게 논다는 것이다. 이리하여 이 지명속담을 '삼각산 풍류'라 말하기도 한다.

백운대(白雲臺)

백운대는 서울의 북쪽에 있는 삼각산, 즉 북한산의 세 봉우리 중 최고봉으로 바위로 이루어진 돌산이다. '달걀로 백운대 치기'는 '달걀로 바위 치기'와 같은 뜻을 가진 지명속담이다. 백운대가 바위로 이루어진 산이기 때문이다. 이 지명속담은 아무리 저항하여도 도저히 이길 수 없다는 말로, 약한 것으로 강한 것을 당해 내려는 어리석음을 비유하고 있다.

드론으로 촬영한 북한산 백운대

인왕산(仁王山)

- 인왕산 모르는 호랑이가 있나.
- 인왕산 등허리 같다.
- 인왕산 차돌을 먹고 살기로 사돈의 밥을 먹으랴.
  (인왕산 차돌을 먹고 말지, 사돈의 밥을 먹으랴.)
- 깔기는 인왕산 솔가지라.

인왕산은 조선의 궁궐 가까운 곳에 있었다. 한양 풍수도에서 인왕산은 내사산(內四山) 중 하나로 우백호 자리였다. 북악은 북현무, 낙산은 좌청룡, 목멱산은 남주작이었다. 인왕산(338m)은 야트막한 서울 동쪽의 낙산에 비하여 기세가 매우 강했다. 봉우리가 모두 하얀 화강암 덩어리로 강인한 모양새를 하고 있기 때문이다. 조선 초 서산(西山)이라고 하다가 세종 때부터 인왕산이라고 불렀다. '인왕(仁王)'이란 불법을 수호하는 금강신(金剛神)의 이름이다. 불법을 수호하듯, 조선왕조를 수호하려는 뜻에서 산의 이름을 서산에서 인왕산으로 바꾸었다고 한다.[17]

---

17. 『한국민족문화대백과사전』 '인왕산'. 이후 『한국민족문화대백과사전』의 자료는 모두 앞의 인터넷사이트에서 가져왔다.

이제 제시하고자 하는 인왕산에 관한 이야기들은 이 산이 가졌던 위상을 가늠할 수 있게 해주는 자료이다. 첫째, 인왕산에서 왕이 날 것이라고 했다. 광해군은 '인왕산 왕기설'에 근거해 인경궁을 짓도록 아래와 같이 명을 내렸다.

"비망기로 '현재 쓰고 있는 법궁(法宮)에 혹 사고가 있는 경우, 옮겨갈 곳을 미리 강론하여 결정해 두는 것이 옳다. 경복궁(景福宮)은 공사가 아주 커서 오늘날의 물력을 가지고는 결단코 쉽사리 조성을 의논하기가 어렵다. 그러니 인왕산(仁王山) 아래에다 잘 요리해서 지나치게 높고 크게 하지 말고 시원하고 깔끔하게 짓는다면 편리할 듯하다. 속히 긴 담장을 쌓고 남아있는 재목을 가지고 조하(朝賀)를 받을 정전(正殿)을 짓기만 한 다음 다시 형세를 살펴서 다 짓는 게 더욱 좋을 듯하다. 선수도감(繕修都監)에서 상세히 살펴서 하게 하라.' 하셨습니다."[18]

둘째, 조선의 대표적인 화가 겸재 정선의 그림, 「인왕제색도(仁王霽色圖)」의 소재가 되었다. 그림(오른쪽)은 겸재 나이 75세 때인 1751년 7월 중순쯤 큰비가 온 뒤 활짝 갠(霽) 인왕산 모습을 그린 것이다. 현

---

18. 『광해군일기』 광해 9년(1617) 1월 18일 자

재 이 그림은 우리나라 국보 216호로 지정될 정도로 소중한 자산이
되었다.

> "인왕산은 커다란 바윗덩어리에 틈틈이 소나무가 붙어산다.
> 바위가 화강암이므로 풍화되면 굵은 모래흙이 되어 기본적으로
> 척박하고 메마르다. 소나무와 같이 햇빛 좋아하고 생명력이 강
> 한 나무가 아니면 살아남기 어렵다. 그래서 인왕산은 온통 소나
> 무 산이다."[19]

셋째, 인왕산에는 물소리로 유명한 계곡이 있어서 산은 그야말로
경치가 수려한 명승지였다. 조선 시대에 인왕산 아래의 첫 계곡은 '물
소리가 유명한 계곡'이라 하는 수성동(水聲洞)이었다. 수성동의 '동(洞)'
은 다르게 말해 동천(洞天)이라 하는데, 이것은 행정단위가 아니라 계
곡을 말한다. 인왕산에 내린 빗물은 수성동과 옥류동에 나뉘어 흐르
다가, 기린교 다리에서 합류하여 청계천으로 유입한다. 한편, 계곡
바닥은 대부분 기반암이 그대로 노출되어 있으며, 오랜 기간에 걸친
침식작용으로 인해 암반의 표면은 매끈하다. 수성동은 조선 시대에

---

19. 조선 후기 정선의 「인왕제색도」와 18세기 후반 강희언의 「인왕산도」를 통해 1730년~18세
기 후반 인왕산의 식생 경관을 분석한 논문에 의하면, 인왕산 능선부에는 암반과 소나무림,
계곡부에는 소나무림이 분포하고 있었다고 추정했다.(조준수·이경재·한봉호·기경석, 2012

「인왕제색도」속 인왕산

경관	특징
범바위	호랑이가 엎드린 모습의 바위
수성동 계곡	인왕산 빗물이 모여드는 곳
코끼리 바위	코끼리를 닮은 바위
치마바위	인왕산 정상의 거대한 암벽
한양 성곽	한양도성을 지키는 성곽
청풍계	푸른 단풍나무가 있던 골짜기
부침바위	기차바위에 얹힌 둥근 바위
기차바위	기차처럼 이어진 바위 능선

선비들이 여름철에 모여 발을 씻으며 휴양을 즐기던 계곡으로 겸재 정선이 그린 『장동팔경첩(壯洞八景帖)』의 '수성동'에 등장하면서 더욱 유명한 장소가 되었다.

수성동 계곡은 조선 시대 역사 지리서, 『동국여지비고』, 『한경지략』 등에서 '명승지'로 소개하고 있으며, 당시의 풍경을 오늘날에도 그대로 유지하고 있으므로 '전통적 경승지'로서 보존할 만한 가치가 있다. 특히, 계곡 아래에 걸려 있는 통돌 돌다리인 기린교는 한양도성 안에서 유일하게 원위치에 원형대로 남아있는 제일 긴 다리이다. 인왕산은 2007년 12월 '인왕산 생태·경관 보전지역'으로 지정되었다. 화강암의 바위산으로 기암과 소나무가 어우러져 아름다운 자연경관을 연출하고 있기 때문이다.

이제, 궁궐 인근에 있었던 명승지 인왕산에 관한 지명속담을 찾아가 보자. 먼저 '인왕산 모르는 호랑이가 있나.'라는 지명속담이 보인다. '조선 호랑이는 반드시 인왕산에 와 본다.'라는 옛말에서 나온 말로, 왜 나를 몰라보느냐는 뜻이다. 자기를 모르는 사람이 있을 수 없음을 이르는 말이며, 또 그 방면에 속한 사람들이라면 누구나 잘 알고 있는 사실이라는 것을 나타낸다. 인왕산은 조선의 상징이므로, 이 산을 모르는 호랑이가 없듯, 자기는 출중한 사람이니 당연히 알아 모셔야 할 것이라고 으스대는 말이기도 하다.

다음으로 '인왕산 중허리 같다.'라는 것은 치마바위와 같은 화강암

인왕산 치마바위

돌산이 마치 배처럼 보여서, 배가 부른 모양을 비유적으로 이르는 말이다. 그리고 '인왕산 차돌을 먹고 살기로 사돈의 밥을 먹으랴.'라고 하는 것은 아무리 어렵고 고생스러워도 처가의 도움을 받아 살아가고 싶지는 않다는 것을 의미한다. 이처럼 두 지명속담에는 화강암으로 된 돌산이라는 인왕산의 지형 특성이 반영되어 있다.

마지막으로 '괄기는 인왕산 솔가지라.'는 표현은 성질이 몹시 거세고 급함을 나타낼 때, 또는 성격이 너그럽지 못하고 몹시 깐깐함을 비유할 때 사용하는 지명속담이다. 바위산에서도 우뚝 자라는 소나무의 기상이 연상된다.

한반도에서 호랑이가 가장 많이 출현 또는 목격된 곳은 조선왕조실록에 기록된 사례 지역을 중심으로 볼 때, 산간 지역이 아닌 인간들이 거주하고 있는 마을공동체 부근에 주로 출현했다. 호랑이를 목격하기 위해서는 사람이 살거나 왕래하는 지역이어야 하지만, 한편으로는 호랑이가 사람이 많이 거주하는 지역 근처에 서식하거나 찾아온다고 생각할 수도 있다.

호랑이 출현이 빈번한 지역은 지금의 서울 및 경기도 지역인 수도권에 집중되어 있음을 알 수 있다. 이는 조선왕조실록이 왕이 거주하던 궁궐 주변을 중심으로 기록하고 있으며, 수도권 외 지방의 경우 연락 체계의 물리적인 어려움으로 많은 정보 획득이 어렵기 때문에 상대적으로 적은 것이다. 수도권 외 지역은 대구, 안동, 함흥, 개성 등지에 빈번하게 출몰하였다는 목격 정보가 다양하게 기록되어 있다.[20]

호랑이 지명속담이 궁궐을 비롯한 인간의 거주지 근처에 있는 인왕산, 악박골(바로 다음 지명속담)과 연계해 나타나는 것도 앞에서와 같은 출현(목격) 지역 분포와 관련한다. 비록 조선왕조실록에

---

20. 김남신·차진열·이승은·임치홍, 2019

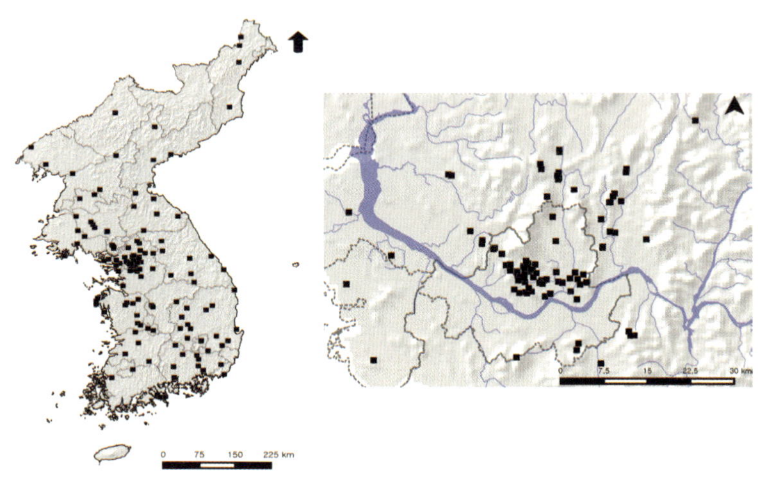

『조선왕조실록』에 근거한 호랑이 출현 지역

한정된 사료에서 나온 분포 특징이긴 하나, 인왕산과 악박골 지명속담에 왜 호랑이가 등장했는지를 이해할 수 있게 해주는 의미 있는 자료이다.

* * *

악박골

악박골은 지금의 서대문구 현저동 서북쪽에 있는 골짜기 이름이었다. 악박골 지명속담은 인왕산 호랑이와 마찬가지로 호랑이와 관련한다. '악박골 호랑이 선불 맞은 소리'라는 지명속담에서 악박골 호랑이가 맞았다는 '선불'은 '급소에 바로 맞지 아니한 총알', '설맞은 총알'을 의미한다. 호랑이가 선불을 맞으면 상종하지 못할 만큼 사납고 무서운 소리를 냈다고 한다. 따라서 이 지명속담은 '사납고 무섭게 지르는 소리'를 비유하는 말이 되었다.

'인왕산 모르는 호랑이가 있나.', '인왕산 모르는 호랑이는 없다.'라는 지명속담에서 알 수 있듯이 옛날 인왕산에는 호랑이가 매우 많았다. 그래서 호랑이라면 한 번은 인왕산을 다녀간다는 말이 생겨날 정도였는데, '악박골 호랑이 선불 맞는 소리'도 이 지역에 호랑이가 많았다는 데에서 유래한 속담이다. 비슷한 속담으로는 '매우 사납게 마구 날뛰는 모양'이라는 뜻을 가진 '선불 맞은 호랑이 (뛰듯)', '선불 맞은 노루 모양' 등이 있다.

홍제원(弘濟院)

　한양도성 부근에는 모두 4곳의 원(院)이 있었다. 서대문 밖 홍제원, 동대문 밖 보제원, 남대문 밖 이태원, 광희문 밖 전곶원 등이다. 그 가운데 규모가 크고 동시에 중요한 원이 서대문 밖에 있었던 홍제원이었다. 이 원은 공무자 여행의 편의를 제공하기 위한 목적으로 설치된 역원[21] 중 한 곳으로, 당시 조선에 가장 큰 영향을 주었던 중국의 수도 북경과 한양을 오가는 주요 도로인 의주대로를 끼고 있었다. 중국에서 오는 많은 사신들은 한양도성과 가장 가까웠던 홍제원을 이용했다. 또한, 홍제원에는 중국 사신들을 위한 공관이 따로 있어, 사신들은 마지막으로 이곳에 묵으면서 휴식을 취하고 예복을 갈아입는 등 성안으로 들어가기 위한 채비 시간을 가졌던 곳이다.[22] 그뿐만 아

---

21. 역원제(驛院制)는 말을 준비해 놓은 역(驛)과 쉬거나 잠자는 시설이 있는 원(院)을 주요 도로에 일정한 간격으로 설치하여 나라의 교통과 통신 수단으로 삼아 활용한 제도이다. 조선 시대에는 전국적으로 41개의 노선에 대략 30리마다 하나씩 설치하여 모두 516개의 역이 있었다고 한다.
22. 『한국민족문화대백과사전』 '홍제원'

니라 중국으로 가는 조선의 사신 일행도 그들을 환송 나온 사람들과 작별하는 장소였다. 따라서 홍제원은 중국 사신들이 도착하고 조선 사신들이 출발하는 육상 교통의 터미널이자 공관 호텔이 있는 숙박지였다.

이처럼 홍제원에는 도착하고 출발하는 사신과 그 일행, 그들을 마중하고 환송하는 사람들로 북적였다. 그러나 홍제원 주변에는 사신을 위한 공관 외에는 술과 음식으로 먼 길을 떠나는 졸병이나 마부들을 환송하는 장소가 없었다. 왜냐하면 한성부에서는 술 판매가 금지되어 있었기 때문이다. 따라서 홍제원의 인절미는 홍제원이 생기면서부터 유명해진 것이 아니라는 말이다.

홍제원 장터 떡장수가 등장한 것은 세종 때로 거슬러 올라간다. 어느 날 홍제원에서는 중국으로 가는 사신을 환송하는 환송객 수백 명이 풍악을 울리고 술을 따르며 사신을 위한 환송 잔치가 베풀어지고 있었다. 하지만 사신을 수행하는 졸병과 마부에게는 그런 환송의 기회가 주어지지 못했다. 이 장면을 목격한 정승 허조가 졸병들의 쓸쓸한 뒷모습이 마음에 걸려, "사신을 수행하는 졸병이나 마부도 위로하여 주는 것이 좋겠습니다." 하고 임금께 건의하였는데, 이에 세종이 즉시 영을 내려 한성부 내에도 이러한 술집 영업을 허가하도록 했다. 또, 술을 마시지 못하는 사람을 위한 떡집이 생기기 시작했다. 떡 중에서도 인절미가 유명하여 '홍제원 인절미'라고 알려지게 되었다고 한다.

나아가 서울에서 불리던 옛 노래인 「장대장 타령」에 '여보 홍제원 인절미가 눅기가 사발로 퍼먹도록 눅다더니 이렇게 단단하여 못 먹겠으니 내가 다녀올 때까지 푹 물렸다가 주게나'라는 대목이 나올 정도로 널리 알려진 인절미였다.

홍제원은 1895년까지 건물이 남아있었으나 현재는 그 터만 남아있으며, 언제 건물이 없어졌는지에 대한 정확한 기록은 없다.[23] 홍제원은 지하철 3호선 홍제역 북동쪽 출입구 부근(홍제동 138번지 일대)에 있었다.

'홍제원 인절미'라는 지명속담은 성질이 몹시 차진 사람을 빗대어 이르는 말이다. 차진 사람이란 성질이 야무지고 까다로우며 빈틈이 없는 사람을 말한다. 차진 사람을 인절미[24]에 비유한 것은 인절미가 떡 중에서도 차진 떡이었기 때문이다.

---

23. 『한국민족문화대백과사전』 '홍제원'
24. 인절미(引截米)는 충분히 불린 찹쌀을 밥처럼 쪄서 절구에 담고 떡메로 쳐서 모양을 만든 뒤 고물을 묻힌 떡을 말한다.

수구문(水口門)

서울의 남대문, 동대문, 서대문은 일반인에게 잘 알려져 있으나 수구문은 그렇지 못하다. 수구문(水口門)이란 글자 그대로 물이 빠져나가는 입구인데, 실제 그 문은 어디였을까? 한양도성에는 사대문(四大門)과 사소문(四小門)이 있었는데, 수구문은 사소문의 하나였다. 사소문은 사대문 사이에 있는 작은 문들로서, 북동쪽의 홍화문(동소문), 남동쪽의 광희문(남소문), 남서쪽의 소덕문(서소문), 북서쪽의 창의문(북소문) 등이 있었다. 이 중에서 수구문은 남대문과 동대문 사이에 있었던, 남동쪽의 광희문을 말한다. 광희문은 태조 5년인 1396년에 세워졌으며, 본래는 외적의 침입에 대비하는 비상문의 역할을 하는 중요한 문이었으나, 조선 시대 이래로 좋지 않은 장소의 대명사로 불려 왔다. 그렇게 된 까닭은 이곳이 서소문과 함께 시체를 내가는 곳이었기 때문이다.

수구문은 문에서 멀지 않은 곳에 청계천의 물이 빠져나가는 곳이 있다고 하여 붙여진 문 이름이며, 시체를 성 밖으로 내보내던 곳이라 하여 시구문(屍口門)이라 부르기도 했다. 성안에 사는 사람 중 장례를 치를 능력이 없는 가난한 사람이나 전염병이 들어 죽은 시신을 수구문 밖에 내다 버리는 풍습이 있었기 때문이다. 그러니 수구문에 대한 인식이 좋을 리 없었다. 갑신정변 때는 체포한 죄인을 산 채로 수구문 밖으로 끌고 나가서 처형하는 일이 있었으며, 1907년에 일제가 대한제국의 군대를 해산하자 그에 맞서 일본군과 최후까지 싸우다 전사한 대한제국 군인의 시신을 시구문 밖에 모아 두기도 했다. 이렇듯 역사의 아픔을 간직한 장소이기도 하다. 수구문 밖에 시신을 내다 버리곤 했으니, 수구문을 통해 들어오는 바람에는 당연히 썩은 시신의 냄새가 배어 있었을 것이다. 그런 악취를 좋아할 사람은 없었을 테니, 수구문 밖에서 바람이 불어오면 다들 코를 막고 돌아서지 아니했겠는가.

수구문 관련하여 형성된 지명속담으로서는 '못된 바람은 수구문으로 들어온다.'라는 것이 있다. 장사하기 어려운 시신을 수구문으로 내다 버렸기에 악취가 들어왔던 것이니 궂은일이나 잘못한 일이 있으면 그 책임이, 마치 악취가 시신을 내가던 수구문에만 모이듯이, 자기에게만 돌아온다고 항의하는 것을 나타낸다. 그리고 '수구문 차례'라는 지명속담이 있는데, 이것은 수구문이 시신이 나가는 곳이므로 늙고 병들어 죽을 때가 가까이 이르렀다는 뜻이다. 말 그대로 죽어 수구문으로 나갈 차례가 되었다는 말이다. 다른 뜻으로는 여럿이 둘러앉아 술 마실 때 술잔이 나이 많은 사람에게 먼저 돌아감을 우스갯소리로 이르는 표현이다.

이제는 수구문 밖으로 시신을 내보내는 일도 없어졌으니, 수구문이나 시구문이라는 말 대신 광희문이라는 제대로 된 이름으로 불러주는 것이 좋겠다. 애초에는 광명(光明)을 뜻하는 좋은 이름을 지어줬는데, 하필이면 가장 아름답지 못한 곳으로 이름이 났으니, 이런 걸 아이러니라고 하는 걸까. 지금 서 있는 광희문은 1975년에 서울 성곽들을 옛 모습으로 복원할 때 새로 세운 것이다.

종로(鐘路)

종로를 대표하는 지명속담으로는 '종로에서 뺨 맞고 한강에서 눈 흘긴다.'라는 속담을 빼놓을 수 없다. 종로와 한강이 어떻게 지명속담의 무대가 되었을까? 조선 초 상업의 중심지 종로에는 육의전이라고 하는 시전(市廛)이 개설되어 있었다. 시전은 나라의 허가를 받아서 비단, 무명, 종이, 명주, 모시, 어물 등을 판매하는 상점이다. 시전 상인들은 조정의 허가를 받았다는 이유로 물품 판매를 독점하면서 난전(亂廛)을 벌이는 상인들이나 난전 물건을 사러 오는 일반 백성들에게 대단한 위세를 부렸다. 특히, 조정에서 세금 수입을 늘릴 목적으로 시전 상인들에게 난전을 단속할 수 있는 금난전권(禁亂廛權)[25]을 부여했기 때문이다.

반면, 한강의 마포나 노량진, 서강 같은 나루터 부근에는 물길을 이

---

25. 조선 후기 육의전이나 시전 상인이 난전을 금지할 수 있었던 권리. 국역을 부담하는 육의전을 비롯한 시전이 서울 도성 안과 성저십리(城底十里) 이내의 지역에서 난전의 활동을 규제하고, 특정 상품에 대한 전매 특권을 지킬 수 있도록 조정으로부터 부여받았던 상업상의 특권을 말한다.

용해 전국의 물물이 모여들던 곳이므로 자연스레 비공식적인 시장, 즉 난전이 형성되어 있었다. 이들 난전은 불법이지만 백성들의 편의를 위해 조정에서도 적당히 눈감아주곤 했다. 그러다가도 시전 상인들을 보호하기 위해, 또는 수상한 물건의 암거래나 지나친 난전의 성장을 막기 위해 가끔 단속을 나가기도 했다. 그래서 마구 단속하여 닥치는 대로 물건을 압수하는 것을 빗대어 이르는 '난전 치듯 한다.'라는 속담과 몹시 급하게 마구 몰아쳐서 당하는 사람이 정신을 못 차림을 이르는 '난전 몰리듯'이라는 속담이 생겨난 것이다.

시전 상인과 난전 상인에게 하는 말과 행동의 차이가 만들어낸 지명속담이 바로 '종로에서 뺨 맞고 한강에서 눈 흘긴다.'인데, 이것은 욕을 당한 자리에서는 아무런 말을 못 하고 뒤에 가서 불평하거나 엉뚱한 데 가서 화를 풀 때 사용하는 비유적 표현이다. 이 지명속담은 앞에서 언급한 바와 같이 조선 시대의 상거래 풍속에서 비롯되었다. 즉, 위세 높은 종로 시전 상인에게 흥정을 벌이다 봉변을 당해도 아무런 소리 못하다가 한강 변에 있는 난전 상인에게 가서는 태도가 돌변하여 큰소리를 치거나 화를 푼다고 해서 만들어진 지명속담이라는 거다.

- 종로깍쟁이 각 집 앞으로 다니면서 밥술이나 빌어먹듯
- 종로제기

'종로 깍쟁이 각 집 앞으로 다니면서 밥술이나 빌어먹듯'이란 지명 속담은 이 집 저 집을 돌아다니며 문전걸식하는 모양을 형용하여 이르는 말이다. 그리고 '종로제기'라는 것은 두 사람이 마주 보고 서로 받아 차는 제기를 말하는데, 예전에 종로 상인들이 겨울에 추위를 잊기 위하여 흔히 가게 앞에서 이것을 한데서 유래했다.

한강(漢江)

- 한강 물을 다 먹어야 짜냐.
- 한강이 녹두죽이라도 쪽박이 없어 못 먹겠다.
- 인심이 한강 수
- 한강에 그물 놓기
- 한강에 돌 던지기
- 미꾸라지 한 마리가 한강 물 다 흐린다.
- 쪽박이 제 재주를 모르고 한강을 건너려 한다.
- 한강에 가서 목욕한다.
- 종로에서 뺨 맞고 한강에 가서 눈 흘긴다.
- 한강 물이 제 곬으로 흐른다.
- 한강에 배 지나간 자리 있나.

한강에서 '한(漢)'은 '크다'라는 의미이다. 한강이 들어간 지명속담에서의 한강은 다수가 이런 뜻으로 쓰였다. 특히, 서울 인근의 한강은 강섬으로 인해 발달한 샛강까지 고려하면 강폭이 매우 넓다. 우리나라에서 한강은 북한강과 남한강을 합쳐 아주 넓은 생활권을 만들어

준 젖줄이다. 무엇보다 수도 서울을 끼고 있어 많은 사람이 한강은 넓고 큰 강이라는 인식을 갖게 해주었다.

1394년에 조선왕조의 도읍을 개성에서 한양으로 천도한 후 500여 년 동안 한강은 하류에 굴지의 곡창지대를 만들어 놓았을 뿐만 아니라, 풍부한 유량과 지류로 인해 조운이나 기타 수상 교통이 크게 발달했다. 육상 교통이 발달하지 못한 전근대에는 수상 교통에 크게 의존할 수밖에 없었는데, 이에 한강은 수상 교통의 요구를 충족해 주는 더할 나위 없는, 천혜의 조건을 갖춘 강이었다.

조운(漕運)이란 조세로 징수한 쌀, 포목 등을 선박으로 운송하는 제도로서, 조선왕조는 각 고을에서 거두어들인 조세미를 인근의 강가나 해안의 조창(漕倉) 혹은 수참(水站)26에 쌓아두었다가 수로를 이용해 한양으로 운송했다. 이때 한강 상류로부터 오는 경상도, 강원도, 충청도, 경기도의 세곡은 용산의 강변 창고에 모으고, 하류로부터 오는 북쪽의 황해도, 남쪽의 충청도와 전라도의 세곡은 서강(西江) 연안의 창고에 보관했다.

한편, 한강은 세곡 이외에도 서울에 거주하는 지주들의 지방 농장에서 소작료로 거둔 곡물이 운반되어 오는 교통로였으며, 서울 사람들의 일상생활 용품, 즉 쌀, 땔나무, 생선과 소금, 수공업 제품, 광물

---

26. 수참이란 전라도, 경상도, 충청도 등의 세곡(稅穀)을 서울로 운반할 때, 중간에 배를 쉬게 하던 곳을 말한다.

등도 이곳을 통하여 공급되었다.[27]

한강은 지명속담에서 어떤 의미로 쓰였을까? 앞에서 말한 바와 같이 첫째, 한강은 서울처럼 주로 '많음', '큼', '넓음'이라는 의미로 쓰였다. '한강 물 다 먹어야 짜냐.'라는 지명속담은 그 많은 한강의 물을 다 먹어보지 않아도 짜다는 것을 알 수 있다는 말로서, 이것은 무슨 일이든지 처음에 조금만 시험하여 보면 전체적인 것을 짐작하여 볼 수 있다는 것을 비유한다. '한강이 녹두죽이라도 쪽박이 없어 못 먹겠다.'라는 말은 무지 녹두죽이 있어도 쪽박을 챙기지 못하는 습성 때문에 못 먹는다는 뜻으로, 사람이 몹시 게으르고 무심함을 조롱하는 지명속담이다.

그리고 '인심이 한강 수'라고 하는 것은 북한에서 쓰는 지명속담으로 인심이 매우 후한 경우에 비유하여 쓰는 말이며, '한강에 돌 던지기'는 넓은 한강에 돌 던지는 정도이니 일을 하는 데에 어떤 사물의 효과나 영향이 전혀 없다거나 아무리 애를 써도 보람이 전혀 없는 경우에 사용한다. '한강에 그물 놓기'라는 지명속담은 이미 준비는 되었으니 기다리면 언젠가 일이 이루어질 것이라는 뜻이고, 또 막연한 일을 어느 세월에 기다리고 있겠냐는 말이기도 하다. '미꾸라지 한 마리가 한강 물 다 흐린다.'라는 것은 미꾸라지 한 마리가 흙탕물을 일으

27. 『한국민족문화대백과사전』 '한강'

켜서 한강 물을 온통 다 흐리게 한다는 뜻으로, 한 사람의 좋지 못한 행동이 그가 속한 집단 전체나 여러 사람에게 좋지 못한 영향을 미친다는 것을 비유한다. 끝으로 '쪽박이 제 재주를 모르고 한강을 건너려 한다.'라는 지명속담은 쪽박이 강폭이 넓은 한강을 건너려고 함이니, 이것은 제 분수를 모르고 힘에 겨운 일을 하려는 경우를 비난조로 이르는 말이다.

둘째, 한강을 사대문 안 중심지와 떨어져 있는 주변 지역으로 표현했다. '한강에 가서 목욕한다.'라는 지명속담이 좋은 예이다. 어떤 일을 일부러 먼 곳에 가서 해 본들 수고만 했지 별로 이롭지 않다는 뜻이다. 그리고 '종로에서 뺨 맞고 한강에 가서 눈 흘긴다.'라는 지명속담이 있다. 봉변당한 자리에서는 아무 말도 못 하다가 엉뚱한 곳에서 화풀이할 때 쓰는 말이다. 이 지명속담은 조선 시대 백성이 위세 높은 종로 시전 상인에게 곤욕을 치러도 아무 말도 못 하다가 한강 변에 있는 난전 상인에게 화를 푸는 모습에 기원을 두고 있다. ('종로' 참조)

셋째, 한강 물의 흐름 자체에 초점을 둔 지명속담 사례들이 있다. '한강 물이 제 곬으로 흐른다.'라는 것은 모든 일은 반드시 순리대로 된다는 뜻으로, 대개 죄지은 사람에게 벌이 돌아감을 이르는 말이다. 또, '한강에 배 지나간 자리 있나'라는 지명속담은 흐르는 한강 물에 배 지나간 흔적이 남아있을 리 만무하며, 이는 어떤 행동의 흔적이 남지 아니한다는 뜻이다.

　'한강의 기적'이라는 말을 싹틔운 강, 한강은 대한민국을 대표하는 강이다. 수도 서울과 주변 지역의 상수도원을 취수하는 생명의 젖줄이다. 과거에 가졌던 한강의 수상 교통 기능은 크게 쇠퇴했으나, 수도이자 대도시인 서울을 품고 있다는 이유 하나만으로도 한강의 상징적인 의미는 너무나 크다. 아래의 두 지도는 개발에 따른 한강 물줄기의 변화를 담고 있다.

1963년(위)과 1975년(아래)의 한강 물줄기의 변화

새남터

새남터는 용산구 이촌동과 한강로3가에 걸쳐 있던 마을로서, 죽은 사람의 혼령을 천도시키기 위해 '지노새귀남(씻김굿과 유사한 굿)'을 하던 곳인 데서 마을 이름이 유래되었다. 한강로 서쪽 강안에 해당하는 서부이촌동 지역인데, 이곳은 원래 옛날부터 무녀들이 제사를 지내던 곳이었다. 그리고 조선 시대부터 이곳은 주로 국가의 중죄인을 처형하는 사형장으로 이용되었다. 단종을 몰아내고 왕위를 찬탈한 세조가 1456년에 성삼문을 비롯한 사육신을 처형한 곳이 바로 이곳이며, 병인사옥(1866) 때 프랑스 선교사 베루누 등 9명의 선교사와 많은 천주교 신자가 순교한 곳이기도 하다. 천주교에서는 1987년 순교자들을 기리기 위한 성당을 이곳 근방에 건설했다. 새남터를 사남기(沙南基), 새나무터라고도 한다. **28** (다음 쪽 지도 참조)

이처럼 새남터 지명속담은 새남터가 사형장이었기 때문에 생겨난

---

28. 『서울지명사전』 '새남터'

 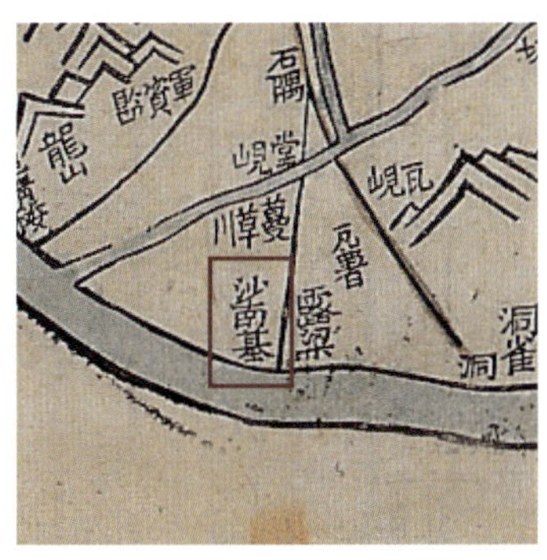

「수선전도」 속 새남터

것이다. 그래서 '새남터를 나가도 먹어야 한다.'라고 하는 것은 곧 죽는 일이 있어도 먹어야 한다거나 큰일을 당하더라도 우선 든든히 먹고 기운을 차려야 한다는 뜻으로 쓰는 표현이 되었다.

송파장(松坡場)

송파는 지금은 서울특별시 송파구를 가리키나, 조선 시대에는 경기도 광주 유수부에 속했던 지역이다. 송파는 한강 나루터로서 수로 교통은 물론이요, 서울과 지방을 이어주는 육로 교통도 발달하여 장시의 형성과 발달에 유리한 지역이었다. 당연히 우시장도 전국적으로 유명하였는데, 바로 이 송파 우시장에서 '송파장 웃머리'라는 지명 속담이 나왔다. 송파 우시장에 나온 소 가운데서 제일 나이 많은 늙은 소가 웃머리인데, 속담에서는 나이 적은 사람이 연장자 인체 하는 것을 두고 놀림조로 이르는 말이 되었다.

조선 초기에는 삼전도에 나루터가 개설되어 있었다가 병자호란 이후 쇠퇴하였으며, 대신 인근의 송파진이 주된 나루가 되어 수어청(守禦廳)에서 파견된 별장(別將)에 의해 관리되었다. 송파진은 하중도(河中島)를 끼고 있어 삼전도보다 강물이 풍부해 좋은 포구 조건을 가지고 있었다. 송파진 건너편에 있는 뚝섬의 조건이 좋지 못하였기 때문에 상대적으로 크게 번성할 수 있었다. 조선 후기에는 상공업의 발달

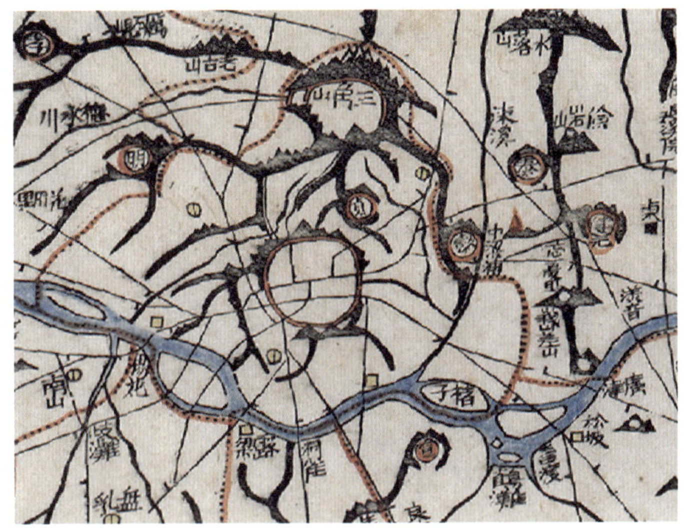

『대동여지도』에서의 송파

로 물화(物貨)의 유통량이 늘어난 송파는 원주, 춘천, 충주, 정선, 영월, 단양 등 한강 상류 지역에서 내려오는 각종 물화의 집산지가 되었다. 강운(江運)뿐만 아니라 서울에서 이곳을 지나 판교, 용인을 거쳐 충청도, 강원도로 가는 길, 또 용인을 거치지 않고 광주, 이천을 거쳐 충주나 여주, 원주를 거쳐 대관령, 강릉으로 가는 길이 열려 있어 사람과 말의 통행이 번잡했다. 그리고 한양도성에서 20리밖에 떨어져 있지 않았으므로, 강상(江商)은 물론 이현(梨峴), 칠패(七牌) 등 각 시장의 상인과 중개상인, 그리고 주민들이 장을 이용할 수 있었다. 송파장이

번영하자 인근 70~80리 지역의 상인과 주민들이 장에 나오기도 했다. 이러한 지리적 요건이 송파시장을 발달시킨 이점이기도 했지만, 송파가 행정 구역상 서울이 아닌 광주 유수부에 소속되어 금난전권이 미치지 못하였던 점도 송파장 성장에 중요하게 작용했다. 시전 상인들은 도성 안에서는 독점권을 철저하게 행사했지만, 이곳에서는 그런 제약이 없었으므로 한강의 사상도고(私商都賈)29는 물론이고 전국 각지의 상인들이 자유롭게 상거래를 할 수 있었다.

송파장은 『만기요람』(1808)에서 전국 15대 장시의 하나로 꼽힐 만큼 거대시장으로 성장했다. 노천의 가점포가 있던 장터는 마을 한가운데 자리를 잡았고, 그 주변에는 여각, 객주, 술집, 대장간 등 각종 수공업 점포가 즐비했다. 이렇게 흥청거리는 시장에서 광대들은 「송파산대놀이」를 벌였다. 송파장의 남쪽, 즉 광주와 판교 쪽으로는 우시장이 있었는데, 특히 대구와 안동에서 소 장수가 많이 올라왔다. 그리고 나루터 오른편 버드내에는 도살장이 있었다. 거래된 물품은 쌀, 잡곡, 소, 포목, 과실, 재목, 땔감, 연초, 잡화 등 다양했다. 또한 함경도, 평안도, 황해도 등지의 물산도 서울을 거치지 않고 이곳으로 운송

---

29. 서울 주변에 발달한 상업 중심지로는 송파(松坡), 누원점(樓院店), 송우점(松隅店), 경강변(京江邊) 등을 들 수 있는데, 사상도고의 또 다른 거점이었다. 이곳에 사상도고가 발달한 원인은 첫째 지방 생산품이 서울로 운반되는 길목이고, 둘째 시전의 금난전권이 적용되는 범위 밖에 있으면서도 비교적 서울과 가까워서 서울 시내 사상도고와의 연결이 쉬웠고, 셋째 서울 시내 사상도고가 직접 이곳에 나와서 상품을 사재기할 수 있었기 때문이다.(『문화원형백과』 '사상도고의 거점')

되어 거래되었다. 그 거래의 주도권은 강상 중에서도 송파 상인이 잡았다. 19세기 초엽에는 송파장을 중심으로 한 사상도고가 크게 번성했다. 그중 손도강이라는 상인은 광주, 양주 부사에게서 자금을 받아 원산까지 가서 어선째 계약하여 생선을 실어 오기도 했다. 영조 때 시전 상인들이 자신들의 상권을 위협하는 송파장의 폐지를 주장한 사실에서도 송파 상인의 재력과 거래 규모가 상당하였음을 짐작할 수 있다.

개항 이후 교통과 산업이 발전하고, 독점상업권이 해제되었으며, 조선 상인이 몰락하는 등 경제계가 대폭 재편되자 송파장도 새로운 전기를 맞았다. 송파장은 본래 서울의 길목이란 이점을 가지고 물화의 집산지 또는 중개 상업지로 발달했다. 또한, 금난전권과 포구에서 벌이는 관리의 수세와 탐학이 상인들의 물화를 이곳에 잠시 멈추게 한 것이었다.

그런데 개항 이후 경제의 중심은 인천 쪽에서 마음대로 들어오는 외국의 수입품과 상인들에게 치우쳐 버렸다. 그리고 충청도, 강원도에서 오는 물화도 지체할 이유가 없었다. 따라서 송파장은 차츰 위축될 수밖에 없었다. 그래도 조사 상으로는 1909년 연 거래액이 21만 6,000원(圓)에 달했다. 그러나 1910년대 들어서면서 더욱 쇠퇴하였고, 1910년대 말에는 유명하였던 우시장도 여타의 군 지역 시장과 비슷한 5,000여 두의 소만 거래되었을 뿐이었다. 더욱이 1925년의 대홍수

로 마을 전체 273호가 유실되어, 1km 떨어진 가락동과 석촌동의 구

릉지로 마을 전체가 이전했고, 시장은 폐쇄되었다.[30]

30. 『한국민족문화대백과사전』 '송파시장'

양화도(楊花渡)와 선유봉(仙遊峯)

> • 양화도 색시 선유봉을 돈다.

양화진이라고도 했던 양화도는 한강진, 송파진과 함께 조선 후기 한강의 3대 나루터였다. 한양에서 강화도로 가는 길목에 있어 교통의 요지였다. 삼남(충청·전라·경상) 지방에서 한강을 통하여 운송되는 곡식을 저장하던 오강(五江) 중의 한 마을로 농산물의 재분배 기능을 담당하던 중요 지역이었다. 또한, 서울의 천연 방어선을 이루는 한강의 중요 지역으로, 진대를 마련하고 진장(鎭將)을 두어 수비하게 하여 군사상 중요 기능을 담당했다.[31]

이뿐 아니라 이곳은 빼어난 경치에 반한 조선의 선비들 사이에선 뱃놀이 장소로 더 유명했다. 월산대군과 강희맹, 서거정 등 조선 초기 문인들은 한도십영(漢都十詠, 서울의 풍치 좋은 10곳) 중 하나로 양화진을 꼽았다. 사대부들의 별장과 정자도 이곳에 많이 세워져 있었다고 한다.

---

31. 『한국민족문화대백과사전』 '양화진'

겸재 정선(1676~1759)의 「선유봉」

겸재 정선이 그린 양천 팔경 중 최고로 꼽히는 장소가 바로 선유봉
이었다. 선유봉은 겸재가 양천 팔경에 담을 때 한강 남쪽 양천현 강
변에 홀로 솟아 있던 해발 40m의 야트막한 산이었다. 한강과 한성의
산자락들을 조망하는 명승지로, 신선들이 노니는 곳이라고 하여 선
유봉이라 불렀다. 강 건너 망원정과 마포 잠두봉을 잇는 한강의 절경
으로, 중국 사신들이 "조선에 가서 양천현을 보지 못했다면 조선을 보

았다고 말하지 말라"고 할 정도로 경치가 뛰어났다.

이와 관련하여 생겨난 지명속담이 '양화도 색시 선유봉을 돈다.'이다. 이것은 여자가 요염한 교태를 부리며 걷는 것을 이르는 말이다. 색시란 갓 결혼한 여자를 일컫기도 하지만 여기서는 술집의 접대부, 기생을 말한다. 양화도는 교통의 요지로 많은 사람이 모이는 곳이어서 음식과 술을 파는 곳에, 또 선유봉을 오가는 양반들의 뱃놀이에 기생들이 종사했다.

과거 교통, 경제, 군사에 있어 중요한 기능을 수행했던 양화도는 현재에도 양화대교가 가설되고 강변도로와 지하철 2호선이 설치되어 있어 여전히 교통의 요지로 기능하고 있다. 특히, 김포공항, 강화, 인천 등지와 연결되는, 과거와는 다른 모습의 교통 요지로 변화되었다. 조선말까지 선비들과 묵객들의 뱃놀이와 유람 터로 명성을 날리던 선유봉은 일제강점기인 1925년 한강 홍수를 막기 위해 돌을 캐갔던 채석장이 되었다. 1929년에는 여의도 비행장을 만들면서 비행기 이착륙에 지장이 있다며 얼마 남지 않은 봉우리마저 깎아 냈고, 해방 후에는 미군이 인천 가는 길을 닦느라고 선유봉의 돌을 캐갔다. 그렇게 점점 산에서 평지로 변해온 선유봉은 1968년 한강 개발이 진행되면서 산 주변에 시멘트벽이 만들어지고, 산과 양천 사이 백사장 모래를 다 파내 물길이 생기면서 선유봉은 강 가운데 있는 섬으로 떨어져 나가 선유도(仙遊島)가 되었다.

　산업화와 도시화의 급속한 진행으로 서울의 물 수요가 크게 늘면서 선유도에도 1978년 정수장이 들어섰고, 선유도는 섬이 아니라 그냥 '선유 정수장'으로 불렸다. 선유 정수장은 경기도 남양주시 삼패동에 있는 강북 정수장 증설과 서울의 수돗물 공급 체계 변환으로 2000년 12월 정수장으로서 기능을 마감했다. 서울시는 선유 정수장 주변 자연경관과 정수장의 구조적 특성을 살려 환경생태공원으로 탈바꿈시켰다. 옛 정수장의 특성을 살려 물의 순환을 통한 생태계 복원을 내용으로 한 '물의 정원'을 만들어 2002년 4월 문을 열었다.

양천(陽川)

> - 양천 쇠 궁둥이 돌리듯 한다.
> - 양천 현감 죽은 말 지키듯 한다.
> - 양천 현감 바람 마시고 죽 마신다.
> - 양천 현감인가.

'양천 쇠 궁둥이 돌리듯 한다.'라는 지명속담은 이리 빼고 저리 빼고 이리 둘러대고 저리 핑계 대는 것을 비유하여 이르는 말이다. 생활이 어려웠던 양천 사람들은 한양에 나무를 해다 팔아 생계를 유지하였으며, 이와 함께 양천 땅에 목초가 많으므로 암소를 주로 길러 살림에 보탰다. 양천 나무장수들의 땔나무를 암소 등에 얹어 한양의 나무 장(場)에 가면 양천 암소들은 사방에서 몰려드는 황소들의 추파를 받게 된다. 한데 양천의 암소들은 새침데기였는지 달려드는 황소들에게 엉덩이를 이리저리 흔들어 대면서 피하므로 요리조리 핑계 대는 사람에게 빗대어 말하는 속담이 되었다.

'양천 현감 죽은 말 지키듯 한다.'라는 말은 누구에게나 있을 수 있는 일이 하필 나에게 생겨 재수 없이 고생한다는 것을 뜻하는 지명속

『동국여도』「경강부임진도」의 양천현

담이다. 효종 임금이 아끼는 애마(愛馬)가 있었다. 강화도에서 기르면서 임금이 말을 탈 일이 있으면 말이 혼자 상경하는데, 언젠가 이 말이 혼자 강화도로 돌아가는 도중 범 머리 산길 옆에 이르러 병들어 죽고 말았다. 임금의 애마인지라 죽었다고 하면 자칫 화를 입을 것이 두려워서 임금님께 장계 올리기를 "극진히 치료하였으나 마와불기(馬臥不起) 하기를 3일이요, 꼴을 먹지 않기를 3일입니다."라고 했다. 이에 효종은 하문하기를 "그렇다면 죽었단 말이냐."라고 했다고 한다. 하필이면 양천 땅에 와서 죽어서 생사람 고생을 시킨다는 뜻의 속담이 되었다.

'양천 현감 바람 마시고 죽 마신다.'라는 표현은 가난했던 양천 사람들의 생활상을 대변하여 나타낸 것으로, 찢어지게 가난한 상황이라는 것을 보여주는 지명속담이다. 양천 사람이 한양으로 나무를 팔러 갈 때 새벽에 출발하므로 동풍을 맞으며 가니 바람을 마시게 되며, 돌아올 때는 저녁의 서풍을 마시게 된다. 또한, 해마다 계속되는 수해와 흉작으로 조반석죽(朝飯夕粥, 아침에 밥을 먹고 저녁에는 죽을 먹는다.) 한다고 해서 나온 속담이다. 옛 양천 사람들은 대부분 배고픈 고통 속에서 살아온 것이다.

'양천 현감인가.'라는 말은 집은 형편없어도 알부자이거나 차림새는 누추해도 글로써 속이 꽉 차 있는 사람을 빗댈 때 쓰는 지명속담이다. 원래 양천은 조선팔도 360개 고을 중에서도 작은 규모의 고을이었으며, 자주 한강 물에 침수되는 수해가 잦아 백성들의 이산(離散)이 잦고 굶주리는 사람이 많았다. 그래서 원님들은 양천 고을에 부임하는 것을 싫어했다. 하지만, 일단 부임하게 되면 양천이 한강 변에 위치하여 습지가 많고 연례적으로 수해가 일어나는 지방이어서 공미(貢米)가 감량되고 현감의 봉미(封米)가 다른 고을보다 월등히 많았다. 하여 양천 현감이 겉으로는 초라해 보여도 속은 알부자라 해서 이런 속담이 생겨났다.

경기도의 지명속담

2

광주(廣州)

'광주'라는 지명은 땅이 넓은 고을이라는 뜻으로, 고려 시대 940년부터 사용되었다. 983년에는 12주(州)에 목(牧)을 두었는데 그중 하나가 광주 목이었다. 조선 시대 1623년에는 광주에 유수부[32]가 설치되었으며, 1626년에 남한산성을 개축하고 주치(州治)를 성내로 옮겼다. 1630년에는 광주 부윤을 두었다. 넓은 땅, 광주는 일제강점기인 1914년 행정 구역 개편으로 면적이 축소되기 시작하더니, 1963년과 1973년, 그리고 1989년 행정 구역 개편으로 더 좁아져 현재는 광주시만이 유일하게 광주(廣州)로 불리는 지방으로 남아있다.

한양도성과 대비되는 지방 고을은 많았었는데, 광주의 생원이 지명속담에 등장하는 이유는 무엇일까? 광주에 있는 우리나라를 대표하는 산성, 남한산성 때문이다. 조선 시대에 수도 한양의 외곽을 지

---

32. 유수부(留守府)란 고려와 조선 시대에 수도 이외의 옛 도읍지나 국왕의 행궁이 있던 곳과 군사적인 요지에 두었던 행정기관을 말한다. 수원, 광주, 개성, 강화에 유수부가 있었으며, 조선 후기에는 수도의 외곽을 방어하는 기능이 강화되었다.

키던 성곽 요새가 남한산성이었다. 광주 유수부에 속했던 남한산성에는 마을과 종묘사직이 있었으며, 또한 나라에 전쟁이나 비상 상황이 발생했을 때, 임금이 한양도성에서 나와 이곳의 행궁에 머물고, 종묘에 있는 선조의 신주를 옮겨올 수 있는 좌전이 마련되어 있었다. 이로써 광주의 남한산성은 특히 조선 후기에는 임시 도읍으로서의 기능도 갖고 있었다. 한양의 외곽을 방어하는 남한산성은 지리적으로 한양에서 멀리 떨어져 있었던 지역은 아니지만, 그래도 한양도성에서 벗어난 외곽에 있었고, 또 상대적으로 해발고도가 높은 위치의 산성이라는 점에서 이곳은 한양에 잘 알려져 있었던 고을이었다.

그리고 생원이란 조선 시대 소과(小科)인 생원시에 합격한 사람을 일컫지만, 나이 많은 선비를 지칭하기도 한다. 나이가 많은 생원이라는 것은 다른 고을로, 특히 한양으로의 왕래가 거의 없는 토박이 어른이라고 보면 되겠다. 따라서 광주 생원은, 한강 건너 남동쪽의 요새 남한산성이 중심이 되는 광주라는 고을의 위치와 한양 방문이 거의 없었던 나이 많은 평범했던 생원이란 신분이 결합해 만들어진, 지방 선비를 대표하는 신분을 일컫는다.

이에 등장한 '광주 생원이 첫 서울 간 것 같다.'라는 지명속담은 광주에 사는 사람이 처음으로 서울에 와서 보는 것이 다 신기하고 놀라워 어릿어릿하다는 뜻으로, 처음 대하는 일이라 신기하여 정신이 얼떨떨하고 어리둥절한 상태를 비유한다. 이 속담에서 광주는 시골의

대명사로 쓰였다. 지방 사람이 우리나라의 가장 큰 도시인 서울에 가
서 정신을 못 차리고 어리둥절한 것을 표현하고 있다. 그것도 나이
많은 선비(생원)가 말이다.

남양(南陽)

남양은 서해안에 위치해 예로부터 염전과 석굴(石花)이라고 불리는 자연산 굴로 유명했던 고을이다. 남양 굴은 조선 시대부터 남양의 특산물이었고, 특히 석굴은 마산포(지금의 송산면 고포리) 일대의 특산물이었다. 『세종실록지리지』등에도 현재의 화성 지역인 남양도호부의 특산물로 굴과 미네굴(土花) 등이 기록되어 있다.

이처럼 굴 산지로 유명했던 남양은 한양에서 가깝고 경기 남부의 해상 교통의 중심지였다. 이곳의 원님으로 부임하면 몸을 건강하게 하고 살결을 곱게 하며 얼굴빛을 좋게 한다는 굴, 게다가 맛까지 있는 굴을 실컷 먹었을 것이 아닌가. 그것도 후루룩. 그래서 '남양 원님 굴회 마시듯 한다.'라는 지명속담이 태어난 것이다. 이 속담은 눈 깜짝할 사이에 일을 처리하여 마치거나 음식을 다 먹어 치우는 모양을 말한다. 남양도호부의 원님이 이 고을의 대표적인 특산물인 굴을 한숨에 들이킨다는 것이다.

서해안 바위에 붙어사는 자연산 굴은 썰물 때는 바깥세상에 고개를 내밀었다가 밀물 때가 되면 다시 바다에 잠겨버리기 때문에, 알맹이가 잘고 옹골찰 뿐만 아니라 맛과 향도 뛰어났다. 성장 기간 내내 바닷물에 잠겨 있어 플랑크톤을 많이 섭취해 알이 굵고 풍만한 남해안의 수하식 굴과는 맛의 차원이 다르다.

자연산 굴로 만든 음식 중에는 그냥 '굴젓'이 아닌 '어리굴젓'이란 것이 있는데 하필이면 왜 그렇게 불렀을까? '어리'라는 말은 '덜 된', '똑똑하지 못한'과 같은 뜻을 지닌 접두사 '얼'에서 왔으며 그래서 짜지 않게 간을 하는 것을 얼간이, 얼간으로 담근 젓을 어리젓이라 하게 됐다. 그러니까 어리굴젓은 '짜지 않게 담근 굴젓'이란 뜻이겠다. 고춧가루와 마늘 등 가지가지 양념으로 버무려 발효시킨 어리굴젓은 굴 알갱이가 오돌오돌 씹히는 맛이 일품이다.

- 수원 남양 사람은 발가벗겨도 삼십 리를 간다.

'수원 남양 사람은 발가벗겨도 삼십 리를 간다.'라는 지명속담은 '전라도 사람은 벗겨 놓으면 삼십 리를 간다.'라는 지명속담과 같은 뜻이다. 그곳 인심이 모질다고 하여 이르는 말이거나, 사람이 몹시 독하거나 담대하다는 뜻으로 쓰이는 말이다.

수원(水原)

　수원에는 '수원 나그네'라는 지명속담이 널리 전해 오고 있는데, 다음과 같은 전설에 근거한 것이다. 조선 정조 때부터 전해 오는 이야기이다. 지극한 효심을 지녔던 정조 임금은 수시로 사도세자가 묻힌 능으로 행차했다. 그러던 어느 날 미복 차림으로 아무도 모르게 사도세자의 능이 있는 안녕리[33]로 암행하게 되었다. 그때 마침 밭에서 일하던 농부를 만나게 되었는데, 정조는 사도세자의 능에 대해 그 농부가 어떤 생각을 하고 있는지 알아보고 싶었다. 농부에게 능을 가리키며 저곳이 어떤 장소인지를 물은즉, 농부는 저곳은 뒤주 대왕을 모신 애기능이라 대답했다. 정치적 희생양으로 뒤주 속에서 억울하게 죽임을 당하지만 않았어도 왕이 되었을 사도세자의 능이라 뒤주 대왕이라 했고, 애기능이라 한 건 임금님들의 산소를 능이라 하지만 왕이 못되셨으니 그렇게 부른 것이라고 했다. 정조는 내심으로 크게 기

---

33. 지금의 수원이 조성되기 전까지 여기가 실제 수원이었다. 그러니까 수원은 1793년에 화성으로 이름이 붙여지면서 시작되었다. 화성이 수원으로 바뀐 것은 1895년이었다.

뻐했다. 대신들의 반대로 사도세자를 추존하지 못하고 있던 차에, 한 농부의 입에서 뒤주 대왕, 애기능이라는 말을 들었기 때문이다. 정조는 농부가 너무나 고마웠다. 그래서 농부에게 글을 얼마나 읽었는지 물어보았다. 농부는 책도 많이 읽고 과거도 여러 번 본 실력 있는 선비였으나, 번번이 낙방한 불운한 선비였다. 다시 한 번 과거를 봐 보라는 정조의 말에 그는 아무리 실력이 있어도 또 떨어질 것이 뻔하다고 하면서 관심을 보이지 않았다. 정조는 농부의 마음을 겨우 돌려 다시 한 번 과거를 보게 했다. 그리고 정조는 급히 환궁하여 과거 시험령을 내렸다. 정조는 현륭원 근처에서 있었던 자신과 어느 농부의 대화와 관련이 있는 과거시제를 내어 그 선비가 과거에 급제하게 했다. 그 사실을 아는 이는 정조와 선비밖에 없었으니 당연한 결과였다. 과거에 급제한 선비는 왕을 배알 하고 보니 정조가 바로 그때의 변장한 나그네였다는 사실을 알고 적잖이 놀라게 되었다.

이같이 '알고 보니 수원 나그네'라는 지명속담은 누구인가 궁금했는데 알고 보니 그 전부터 잘 아는 수원 나그네였다는 뜻으로, 처음엔 누군지 몰라보았으나 깨달아 알고 보니 알던 사람이라는 말이다. 이것과 속담의 본질은 같으나 조금씩 다르게 표현하는 어구들이 있다. 즉, '다시 보니 수원 나그네', '인제 보니 수원 나그네'와 같은 것이다.

수원 나그네라는 지명속담의 배경이 되는 정조의 능행길에 관해 조금 더 알아보자. 정조가 능행(陵行)을 나섰던 길은 원래 시흥 방향이

정조 능행길

아니고 지금의 남태령을 넘어 과천과 인덕원을 거쳐 가는 길이었다. 그러나 1795년 정조의 거둥길은 과천 방향의 길을 피하고 시흥 길을 택하게 된다. 그 주된 이유는 남태령 길을 닦기가 힘들었기 때문이다. 한편으론, 능행길이 과천을 거쳐 인덕원으로 가는 도중에 찬우물 고개를 거치게 되는데, 이곳에 있는 김약로의 무덤을 피하려는 의도도 있었다. 그는 노론의 영수로서 장조의 죽음에 깊이 관여한 김상로의 형이다.

　　새로 개척한 시흥 길은 언덕이 적은 편이어서 길을 내기가 비교적 쉬웠다. 이 길을 만들기 위해 경기감사 서용보가 책임을 맡았고, 평안도의 남당성(南塘城) 공사에 쓰고 남은 돈 1만 3천 냥을 투자하여 완성했다. 이 길은 순조 때에도 계속 확장되어 마침내 전국에서 10대로(大路)에 들어가는 간선도로가 되었다.

　　정조 임금은 지극한 효심을 가진 인물이었다. 그는 억울하게 죽은 아버지를 위해 시호를 사도세자에서 장헌세자로 바꾸어 새로이 올리는 한편, 묘소도 수은 묘에서 영우원으로 격상시키고 묘호(廟號)를 경모궁이라 이름 했다. 정조는 경기도 양주에 있던 장헌세자의 묘를 수원 화산 아래로 옮겨와 현륭원이라 개칭하였으며, 이듬해에는 용주사를 개수, 확장해 장헌세자의 명복을 빌게 했다. 일반적으로 '묘호'는 왕과 대신들이 의논해 정하는 것이었다. 정조는 대신들의 반대로 장헌세자를 왕위에 오르지 못하고 죽은 이에게 임금의 칭호를 주던 왕 호칭을 주지 못하였고, 그에 따라 무덤도 능이라 칭하지 못하고 현륭원이라 할 수밖에 없었다.

　　하지만 장헌세자를 추존하기 위한 정조의 노력은 계속되었다. 당쟁의 희생양으로 아버지가 죽게 된 것이라 여긴 정조는 장헌세자의 무덤이 있는 수원에 성을 쌓아 강력한 군주국가의 재건을 위한 개혁의 전초기지로 삼고자 했다. 수원은 남도와 한양을 잇는 군사적 요충지로서 서해안을 이용한 물산과 사람의 이동이 쉬워 상업이 발달하기에 안성맞춤인 곳이었다. 드디어 개혁의 진원지로 삼으려 한 수원 성은 1796년에 완공되었다. 또한, 수원성이 완공되기 이전부터 정조 는 장헌세자가 묻혀 있는 수원의 현륭원으로 자주 행차하였으며, 그 때마다 특별 과거인 별시를 시행하여 수원과 인근의 유생, 한량, 군 인, 무사 등이 응시할 수 있도록 배려했다. 1795년 혜경궁 홍씨 회갑 연이 열렸던 해의 현륭원 행차 때에는 그가 친히 지켜보는 가운데 과 거를 실시하여 문과 5인, 무과 56인의 급제자를 선발하기도 했다. 이 뿐 아니라 때때로 그는 신분을 감추고 다니면서 관리들의 비행과 백 성들의 어려움을 살피어 나라를 다스리는 일에 반영했다.

안성(安城)

- 안성맞춤
- 안성 그릇이라면 배냇 자식도 알아듣는다.
- 꽃신 하면 안성 가서 구입하라.
- 안성 피나팔
- 안성장 풋송아지처럼
- 안성은 제2의 개성
- 이틀 일해 안성장에 팔도화물 벌 열
- 안성에는 본래 양반도 없고 상놈도 없다.
- 안성장 웃머리

안성은 장시와 맞춤 유기로 유명한 고을이었다. 안성장(安城場)은 유기공업의 호황으로 18세기 중반에는 조선 3대 시장 중 한 곳으로 발달했다. 유기에는 기성 유기와 맞춤 유기가 있었는데, 그중에 '안성 맞춤 유기'가 제일이었다. 유기하면 안성맞춤이었기에 '안성맞춤 유기'를 '안성맞춤'이라 줄여 표현해도 의사소통에는 큰 문제가 없었다. 안성맞춤 하면 당연히 안성맞춤 유기로 알아들었기 때문이다.

안성맞춤 유기

어떤 사람이나 물건이 잘 어울릴 때 '안성맞춤'이란 말을 쓴다. 안성에서는 서울 양반가의 그릇을 도맡아 만들었는데, 관청이나 양반가에서 특별주문을 받아 제작한 것을 모추(마춤)라 하여서 '안성맞춤'이란 말이 생겼다고 한다. 안성은 장인정신과 뛰어난 솜씨로 유기 제품을 정성껏 만들어 품질이나 모양 등 기교면에서 사람들의 마음을 흡족하게 하는 '안성맞춤'의 원조가 되었다.

안성 유기를 제작할 때 사용하는 아산만 갯토[34]는 입자가 작아 유

---

34. 갯토란 조수가 교차할 때 가라앉은 갯벌 흙을 말하며, 소금기가 있어 점성과 탄력이 좋다. 아산만은 우리나라에서 조수간만의 차가 가장 큰 곳이다.

기 표면을 매끄럽게 제작할 수 있게 해주었다. 안성과 가까운 아산만에서 공급받은 갯토가 안성 유기를 이름나게 만들어 준 주요한 요인 중의 하나였다. 또한, 안성의 수질은 유기 제조 공정에서 담금질할 때 가장 적합했다. 안성 유기는 원석의 우수성 및 정확한 혼합비율(구리 78%, 주석 22%)로 아담한 모양새와 빼어난 광택, 수려한 외관, 견고한 내구성을 자랑했다. 안성 사람들의 특출 난 상업 수완과 기질은 물론이고 수공업을 발전시킨 뛰어난 장인정신도 안성맞춤에 힘을 보탰다.

이와 같은 안성의 유기공업은 안성 장시가 성장하는 데 있어 가장 큰 역할을 했다. 전통 시대의 공업은 대부분 가내수공업이었으나 유기공업만은 대량생산 체계를 갖춘 기업형 공업이었다. 왜냐하면 안성 유기가 전국적으로 잘 나가는, 수요가 많은 상품이었기 때문이다. 또한, 안성에서는 17세기 초반에 이미 유기를 전문적으로 만드는 마을이 형성될 정도로 유기산업이 발달해 있었으며, 18세기 중반에는 국가에서도 인정하는 유기장들이 다수 거주하는 유기산업의 메카 역할을 하고 있었기 때문이다.

이제 유기공업과 밀접한 관계에 있었던 안성 장시의 성장과 쇠퇴 과정을 알아보자. 일반적으로 장시의 개시(開市)는 15세기 후반부터 시작되어, 16세기에 이르러 충청도와 경상도로, 1520년경에는 전국적으로 확산했다. 경기도가 가장 늦게 개설되었는데, 그 이유는 서울과 가까운 경기도에는 개성을 제외하고 장시 설립이 금지되어 있었기 때문이다.

늦게나마 경기도에서 장시가 개설되기 시작했다. 그중에서 안성장은 비교적 이른 시기에 생긴 장이었다. 안성은 서울과 삼남 지방을 연결하는 교통의 목구멍이라는 지리적 이점으로 장시 설립의 최적지였다. 또, 안성은 고려 시대에는 충청도 천안에 속해 있다가 1413년에서야 경기도로 바뀌어 경기도라는 인식이 비교적 약했을 뿐 아니라 서울에서 가장 멀리 떨어져 있는 경기도라서 서울 상권에 미치는 영향이 미미할 것으로 생각했기 때문이다.

안성 장시가 점차 성장해 감에 따라 안성은 한양 남쪽에서 가장 큰 도회지로 발달했다. 『택리지』는 이 같은 사실을 아래와 같이 기록했다.

"수원 동쪽은 양성과 안성이다. 안성은 경기와 호서 바닷가 사이에 위치하여 화물이 모여 쌓이고 공장(工匠, 장인)과 상인이 모여들어 한양 남쪽의 도회가 되었다."

또, 조선 시대의 문인 최부는 이러한 안성 땅을 두고서 "산은 동북쪽을 막아서 저절로 성이 되었고 지역은 서남으로 트였는데 기름진 들판이 질펀하다."라고 읊었다. 1747년 무렵 안성 장시는 '조선의 3대

시장'이라고 할 정도로 최고의 번성기를 누렸다. '안성장은 서울장보다 두세 가지가 더 난다.'라는 말이 있을 정도로 물건의 종류도 많고 질도 괜찮았다. 농산물뿐만 아니라 굽에 대어 붙이는 쇳조각인 편자에서부터 종이신, 가죽신, 갓, 담뱃대, 북, 놋그릇, 한지 등의 공예품이 많이 나기로 유명했다.

조선 후기, 즉 18세기에 이렇게 발전했던 안성장이 왜 지금과 같이 쇠퇴하고 말았을까? 그 이유는 바로 주변 시장의 번성과 밀접한 관계가 있다. 특히 안성에서 지역적으로 가까운 수원장(水原場)의 급성장은 곧바로 안성장의 쇠퇴를 불러온 직접적인 요인으로 작용했다. 정조는 수원에 화성을 건설하고 신도시를 만들어 수도를 옮길 계획까지 가지고 있었다. 그리하여 신읍(新邑)에 사람들이 모여들게 할 목적으로 지역 활성화 방안을 마련한다.

『조선왕조실록』에 보면, 채제공은 1790년 수원 화성이라는 새 고을에 백성을 모집하는 방법에 관하여 정조와 논의하며 '한 달에 여섯 번 시장을 열고 장세를 면해 주며 교역을 허가하면 상인이 구름같이 몰려와 전주나 안성에 못지않을 큰 장이 형성될 것'이라고 했다. 따라서 이 당시까지 안성장은 전국에서 가장 이름난 시장이었던 셈이다. 하지만 이를 계기로 안성의 장인과 상인들이 수원으로 집단이주를 한다. 안성장을 번성토록 한 장인들이 국가 정책에 의하여 수원으로 빠져나가면서 역으로 안성장은 쇠퇴하기 시작한다. 화성을 착공하기도 전인 1791년 정조는 안성의 장인 등 수원의 신읍에 거주하기를 원하는 사람들에게 2만 냥을 대여해 주라고 하는 등 적극적인 이주 정책을 펼쳤다.

19세기 초의 안성장은 조선 15대 장시에 포함되어 있었다. 1808년 정부 재정과 군정을 기록한 책 『만기요람』에는 경기의 송파장, 안성 읍내장, 교하 공릉장, 은진 강경장, 직산 덕평장, 전주 읍내장, 남원 읍내장, 평창 대화장, 황해도 토산 미천장, 황주 읍내장, 창원 마산포장, 평안도 박천 진두장, 함경도 덕원 원산장이 가장 큰 장이라고 했다. 하지만 19세기 후반에 들어서 상황이 달라진다. 개항과 함께 일본산 제품들이 들어오기 시작한 것이다. 이로써 안성에서 주로 생산하던 유기, 건유혜, 백동연죽, 한지 등이 큰 타격을 입기 시작한다. 산업화를 먼저 시작한 일본에서 대량 생산한 값싼 물건들이 들어오면서 안성 경제와 안성시장을 지탱해 주었던 공예품 생산이 크게 위축되었다. 이렇게 점점 위축되어 가던 안성장은 20세기 초반에 들면서 또한 번의 위기를 맞게 되었는데, 육로로 운반하던 화물을 1905년 경부철도가 개통하면서 철로를 이용해 운반하기 시작한 것이다. 그리하여 안성에 물자가 모이지 못했다. 근대에 들어와 안성장이 몰락하게 된 직접적인 원인은 경부철도의 영향이 가장 크다. 조선 시대 안성의 지리적 이점이었던 교통의 요지가 통용되지 않았기 때문이다.

정리하자면, 안성장이 몰락하게 된 이유를 크게 네 가지로 요약할 수 있다. 첫째, 수원 등 주변 대시장의 등장으로 안성장의 시장권이 축소되었기 때문이다. 둘째, 이와 더불어 개항기 일본산 도자기 및 중국산 도자기 등의 수입품으로 시장을 잠식당한 안성 유기공업의 침체가 쇠퇴의 원인을 제공했다. 셋째, 전매제 도입으로 인해서 연죽 등의 판로가 막히고, 또 고무신 같은 서양 신발이 들어와 안성 갖신의 판로도 막히는 등 안성에서 자랑하던 공산품의 수요가 없어졌기 때문이다. 넷째, 경부선 철로가 수원에서 평택을 거쳐 천안으로 지나가면서 안성이 경부선 노선에서 제외되었다. 이것으로 인해 안성이 물화의 집산에서 멀어졌기 때문이다.

2일과 7일에 열리는 안성장은 전국으로부터 많은 물화가 모여드는 대시장이었기에 모이는 사람도 많아서 이곳에서 형성된 지명속담도 사례 수가 많았다. '안성장이 서울보다 둘이 더 많이 난다.'라는 말처럼 안성장에서 매매되는 물건 가짓수가 굉장히 다양하고 많았다. 이것은 안성장이 그만큼 번성했음을 말해 주는 것이다. 안성 지명속담 중에 가장 널리 알려진 것은 '안성맞춤'이다. 이것은 '유기의 명산지 안성에 유기를 주문하여 만든 것과 같다.'라는 데서 나온 말로, 꼭 맞게 만든 물건을 보고 하는 말이나 조건이나 상황이 계제(階梯)에 들어맞게 잘된 일을 두고 하는 말이다. 또한, 물품이 튼튼하든지, 일이 되어 가는 가장 중요한 고비가 확실하든지, 소홀히 하던 물건이 갑자기

필요에 딱 맞을 때 쓰는 어구이기도 하다.[35]

또한, '안성 그릇이라면 배냇 자식도 알아듣는다.'라는 지명속담은 안성 유기가 좋다는 뜻이고, '꽃신 하면 안성 가서 구입하라.'라는 지명속담은 안성의 꽃신이 전국적으로 유명해서 나온 말이다. '안성 피나팔(皮喇叭)'은 남자의 양물(陽物)을 억지스럽게 일컫는 말인데, 옛날 안성 지방에서 말가죽으로 나팔을 만들고 붉은색을 칠한 고물(古物)이 있었다고 한다. 그리고 '안성장에 풋송아지처럼'이라는 지명속담은 제대로 몸을 가누지도 못하고 온통으로 쓰러져 넘어짐을 나타내는 말이다. '안성은 제2의 개성'이란 상업에 능한 것이나 자기 단속에 능한 것이나 경제에 능한 것이나, 또 외지 상인이 들어오지 못하게 되는 것이나 자만(自慢) 풍이 있는 것 등 사람들의 성격이 개성 사람과 많이 닮았다고 해서 나온 속담이다. 이에 더해 안성 상인들은 '이틀 일해 안성장에 팔도화물 벌 열(列)' 했을 정도로 상업적 수완이 뛰어났었다.

'안성에는 본래 양반도 없고 상놈도 없다.'라는 것은 안성에서는 출신에 상관없이 상업과 공업에 종사함을 이르는 말이다. 그리고 '안성장 웃머리'란 보통 시장의 초입 부분인 윗머리는 번화하여 시끄럽기 마련이었는데, 한창일 때 안성장은 대시장이었기에 윗머리가 더욱

---

35. 이철수, 1998

시끄러웠다. 이에 따라 말 많고 시끄러운 사람 또는 분위기를 가리킬 때 '안성장 웃머리'라고 한다. 이와는 달리 '송파장 웃머리'라는 지명속 담은 나이가 적으면서도 연장자인 체하는 사람을 비웃는 말이다.

송도(松都)

- 송도 계원
- 송도 부담짝
- 송도 갔다.
- 송도 오이 장수
- 송도 말년의 불가사리
- 송도가 망하려니까 불가사리가 나왔다.

송도(松都)란 송악산 밑에 있는 도읍이란 뜻으로 개성(開城)을 다르게 부르는 땅이름이다. 고려 왕조의 왕도이자 고려를 건국한 태조 왕건의 고향이다. 최상위 계층의 중심지였던 송도는 고려가 망하고 조선이 건국하자마자 변방이 되었다. 또한, 송도는 조선의 중심 세력으로부터 정치적, 사회적으로 많은 억압을 받게 되었다. 이에 송도 사람들은 조선 조정의 벼슬에 나가는 것조차 거부했다. 물론 조선 조정도 송도 사람들을 관료로 임명하려고 하지 않았다. 정치권력을 대신할 개성인의 생존 전략은 어쩔 수 없이 상업 활동에 집중되었고, 이로써 이들은 조선의 최대이자 최고의 상업 집단이 될 수 있었다. 개성 상인, 즉 송상(松商)으로 불린 이들은 조선의 유통망을 장악했고, 인삼이라는 상품을 개발하여 동아시아 국제무역을 주도했다. 송도는 상업과 무역의 중심지였다.

송도가 정치적으로 잘 나갈 때를 배경으로 하는 대표적인 지명속담이 '송도 계원'이란 어구인데, 이것은 낮은 지위나 작은 세력을 믿고 남을 멸시하는 사람을 비유한다. 조선의 제7대 임금이었던 세조의 오른팔 격으로 최고의 권력을 쥐고 있었던 한명회는 젊은 시절 번번이 과거 시험에 낙방해 뜻대로 벼슬길에 오르지 못했다. 어쩔 수 없이 그는 자존심을 꺾고 음직(蔭職, 과거를 거치지 않고 조상의 공덕에 의하여 맡는 벼슬)으로 '경덕궁직'이라는 낮은 벼슬을 얻었다. 개성에 있는 경덕궁을 관리하게 된 한명회는 개성에서 벼슬을 하는 이들이 만든 친목계인 '송도계(松都契)'에 끼려고 했으나, 계원들은 한명회의 벼슬이 미천하다는 이유로 받아 주지 않았다. 뒤에 한명회가 정승이 되고 세자의 장인이 되는 등 출세를 하자 한때 한명회를 얕잡아 보던 송도계의 계원들이 크게 후회했다는 데서 '송도 계원'의 유래를 찾는다.

송도가 경제적으로 번성했던 때를 대변하는 지명속담으로는 '송도 부담짝'이란 말이 있다. 송도 장사꾼의 부담짝이라는 뜻으로, 남이 모르는 값진 물건이 가득 들어 있는 짐짝을 비유하는 말이다. 따라서 이 말은 상업과 무역으로 크게 번성했던 송도 상인의 화물에는 값나가는 게 많았다는 것을 암시한다. 일반적인 현상으로 송도와 같이 상업과 무역이 발달하여 호주머니가 두둑해지면, 이어서 그 도시에는 색향(色鄉)이라는 수식어가 따라붙게 마련이다. 송도가 그런 도시였다. 색향에 관한 지명속담이 바로 '송도 갔다.'이다. 이 속담은 한 불량한 사내의 이야기에서 유래했다고 한다. 한 사내가 주색에 빠져 송도에 가서 장사한다고 핑계하여 전답을 팔아서는 색주가에 가 없애고, 없애고 했다. 마치 우리의 고소설 『이춘풍전』에서 춘풍이 추월이란 기생에 빠져 돈을 날리듯이…36

송도 상인의 장사에 얽힌 지명속담이 한 가지 더 있다. '송도 오이 장수'라는 것인데, '어떻게 하면 더 많은 이익을 볼까?' 하여 기회를 엿보다가 그만 기회를 놓쳐 낭패를 보게 된 사람을 비유한다. 간단히 말해 헛수고만 하고 일을 낭패당한 사람을 지칭한다. 송도 오이 장수가 어떻게 장사하였기에 이런 속담이 나왔을까? 그의 오이 장사하는 법을 잠시 들여다보자. 하루는 송도의 오이 장수가 서울의 오이 시세가 크게 올랐다는 말을 듣고 오이를 한배나 가득 사서 서울로 왔더니, 그사이 서울 오이 값이 떨어지고 다시 의주의 오이 값이 좋다 하기에 그곳으로 갔더니 또한 값이 하락해 도로 개성으로 가지고 돌아왔는데 그동안 오이는 썩었더라는 이야기이다.

이제는 송도가 뜨는 해가 아니라 지는 해가 되어갈 때, 즉 고려 말

---

36. 박갑수, 2015

년에 무질서하고 흉악스러운 범죄가 흥행(兇行)했던 시대를 배경으로 하는 지명속담이 있다.[37] '송도 말년(松都末年)의 불가살(不可殺)'이라는 지명속담이다. 고려 말에 불가사리라는 괴물이 나타나 못된 짓을 많이 하였으나 죽이지 못했다는 이야기에서 나온 말로, 몹시 무지하고 못된 짓을 하는 자를 비유한다. 이와 유사한 지명속담이 있는데, '송도가 망하려니까 불가사리가 나왔다.'라는 속담이다. 이것은 어떤 좋지 못한 일이 생기기 전에 불길한 징조가 나타남을 비유하는 말로서, 고려가 망하게 되었을 때 송도에 불가사리가 나타나서 못된 장난질을 했다는 전설에서 유래한 것이다.

---

37. 이철수, 1998

만수산(萬壽山)

아래 지도는 1872년에 편찬된 개성 지도의 일부이다. 여기서 보면, 개성(開城) 서소문 밖을 가로막고 서 있는 산이 만수산(萬壽山)이고, 개성 북쪽에 자리하고 있는 높은 산이 송악산(松岳山)이다.

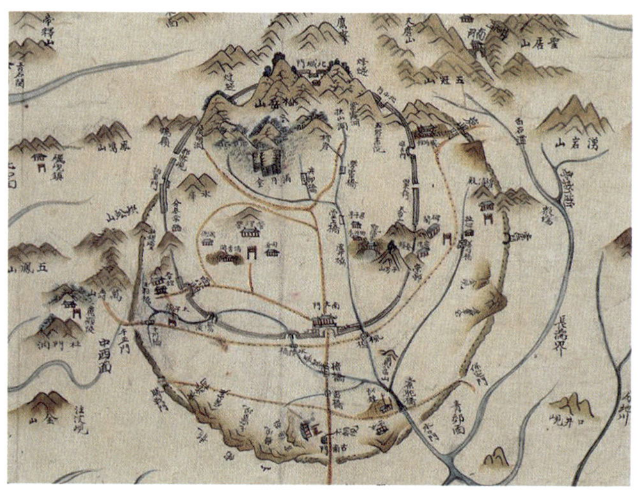

『1872년 지방지도』 만수산과 송악산

사람이나 사물이 많이 모일 때 '만수산에 구름 모이듯'이라는 지명 속담을 쓴다. 어떤 사연이 있는 걸까? 이 속담의 흔적은 전래 민요인 「정선아라리」에서 찾을 수 있다.

눈이 오려나, 비가 오려나, 억수장마가 지려나 만수산 검은 구름이 막 모여든다.

고려 말에 이성계가 고려를 무너뜨리고 조선왕조를 세우려고 할 때, 이성계 밑으로 들어가지 않고 끝까지 고려에 충성을 맹세한 칠십이 명의 신하들이 있었다. 그중에 전오륜을 비롯한 일곱 명이 정선에 있는 서운산으로 옮겨와 살며 끝까지 고려에 대한 충절을 지켰다. 그들이 숨어 살던 곳을 거칠현동(居七賢洞)이라고 한다. 거칠현동에 살던 이들 중 한 명이 고려의 수도였던 송도를 바라보며 나라를 잃은 한스러운 마음을 담아 한시를 지었는데, 그 내용을 고을 사람들이 노랫말 삼아 부른 것이 「정선아라리」라고 한다. 노랫말에 나오는 '만수산 검은 구름'이 바로 고려를 무너뜨리려는 이성계 무리를 뜻한다는 것이다.

이것을 증명이나 하듯이 이성계의 아들 이방원은 만수산 드렁칡을 언급한 「하여가」 시조를 지어 충신 정몽주를 회유하려 하였으나 실패했다. 만수산 드렁칡처럼 얽혀진 무리가 만수산 검은 구름이었다.

이런들 어떠하리 저런들 어떠하리

만수산 드렁칡이 얽혀진들 어떠하리

우리도 이같이 얽혀져 백년까지 누리리라.

만수산 기슭에는 누구의 무덤인지 정확히 알 수 없으나, 고려 말기 왕실 사람들의 무덤으로 추정되는 일곱 개의 능이 모여 있다.

파주(坡州)

그럼, 파주에는 어떤 지명속담이 전해올까? 바로 '파주미륵(坡州彌勒)'이란 속담이 전해 오는데, 몸집이 크고 뚱뚱한 사람을 비유하여 이르는 말이다.

파주 용미리의 마애이불입상

　파주미륵은 두 구의 불상이 나란히 서 있는 마애불로 천연암벽을 적절히 활용하면서 선각을 해 불신을 표현하였고, 불두(佛頭)는 따로 만들어 얹었다.[38] 불신의 모양이 뚱뚱한데, 뚱뚱한 사람을 이 불신의 모양에 비유하여 호칭함으로써 생겨난 지명속담이다.

---

38. 『한국민족문화대백과사전』 '파주 용미리 마애이불입상'

• 포천 소 까닭이란다.

'포천 소 까닭이란다.'라는 지명속담에는 어떤 사연이 숨어 있을까? '포천'은 조선 고종 때 유학자 최익현의 고향이며, '소(疏)'란 그가 조정에 올린 상소들을 말한다. 그러므로 '포천 소'는 포천 사람 최익현이 조정에 올린 상소인 것이다. 그가 조정에 상소를 올리면 나랏일이 바뀌는 경우가 많았다고 한다. 그래서 사람들이 나랏일이 변경된 사유를 물으면 '포천 소 까닭이란다.'라고 대답했다고 한다. 이 지명속담은 남의 물음에 어물어물 얼버무리며 슬쩍 넘어가는 경우를 비유하거나, 자기의 잘못은 깨닫지 못하고 남 탓만 하는 경우를 가리킨다.

최익현은 1868년에 경복궁 중건과 당백전 발행에 따르는 재정의 파탄 등을 들어 흥선대원군의 실정을 상소하였다. 이로 인해 사간원의 탄핵을 받아 관직에서 쫓겨났으며, 이후에도 서원 철폐 등 대원군의 정책을 비판하는 상소를 여러 차례 올렸다. 그런 이유로 제주도와 흑산도까지 유배를 가기도 했던 그는 1905년 을사조약(乙巳條約)이 체결되자, 「청토오적소(請討五賊疏)」와 「창의토적소(倡義討賊疏)」를 올려 불

최익현 초상화

법 조약의 폐기와 취소 및 의거의 심경을 토로하고 의병을 일으켰다.
그러나 첫 전투에서 일본군에 패하여 대마도(對馬島)에 유배되었다.
그곳에서 적이 주는 음식을 받아먹을 수 없다고 하여 끝내 굶어 죽었
을 만큼 강직한 성품으로 유명하다.

양주(楊州)

- 양주 밥 먹고 고양 구실
- 양주 싸움은 칼로 물 베기
- 양주 사는 홀아비
- 허리에 돈 차고, 학 타고 양주에 올라갈까.

조선 시대 양주 땅은 한양도성의 동북쪽에 있었던 고을로, 지금의 행정 구역으로서는 서울시의 도봉구, 강북구, 노원구, 중랑구 일대와 경기도의 양주시, 의정부시, 동두천시, 남양주시, 구리시 등을 포함하는 넓은 지역에 해당한다. 「해동지도」에 의하면, 양주는 조선 태조의 건원릉을 비롯하여 광릉, 현릉 등 많은 능묘가 분포하는 고을이며, 동시에 한양도성의 동대문에서 지방으로 갈 때 거쳐 가는 길목이었다. 이것을 보면 양주는 한양도성과 지리적으로 가까운 서울 근교였다.

양주와 관련한 지명속담에는 네 가지가 전해온다. 첫째, '양주 밥 먹고 고양 구실'이란 속담이 있다. 밥은 양주에서 먹고 구실은 고양에 가서 한다는 뜻으로, 이쪽에서 보수를 받고 아무런 상관없는 저쪽의 일을 해주는 경우를 비유한다. 또, 자기가 마땅히 해야 할 일은 하지 않고 남의 일을 하는 싱거운 짓을 이르는 말이기도 하다. 조선 시대에 양주 고을은 서울 근교 지역으로 경제적 여건이 양호하고 생활환경이 비교적 여유로운 곳이었다. 이에 비해 고양은 당시 농업이 중심이 되는 고을로서, 양주에 비해 경제적 여건이 좋지 못했다. 양주에서 호의나 도움을 받아 잘살게 된 사람이, 나중에 그 은혜를 배신하고 다른 곳으로 가서 그곳의 이익을 위해 일하는 상황을 풍자한다. 따라서 사람들은 이 지명속담을 '은혜를 입고도 이를 배신하거나, 도움을 준 사람을 배반하는 행위'를 비판하는 의미로 사용했다. 이것을 통해 사람들에게 감사의 중요성을 일깨우고, 받은 은혜를 잊지 말아야 한다는 교훈을 전하고자 했다.

둘째, '양주 싸움은 칼로 물 베기'라는 지명속담이 있다. '부부 싸움은 칼로 물 베기'라는 속담과 같은 뜻으로 쓰이는 표현이다. 갈등이나 다툼이 일어나도 오래 가지 않고, 곧 화해하거나 원만하게 해결되는 상황을 비유하는 표현으로, 사람들 사이에 큰 싸움이 있더라도 결국 원래의 상태로 돌아가며 관계가 회복될 것이라는 긍정적 의미를 담고 있다. 양주는 역사적으로 평화롭고 온순한 사람들이 모여 사는 고장이었다. 그래서 이곳에서 벌어지는 싸움은 심각하게 발전되지 않고, 쉽게 화해로 끝나는 경우가 많았다고 전해진다. 싸움이 격해지더라도 마치 칼로 물을 베는 것처럼, 깊은 상처나 갈등을 남기지 않는다는 의미이다.

셋째, '양주 사는 홀아비'라는 지명속담이 있는데, 행색이 초라하고 고달파 보이는 사람을 비유하는 말이다. 이 말은 경제적으로는 넉넉하나 사람들 사이에서 외롭고 쓸쓸한 처지를 가리킬 때 쓰는 표현이다. 양주 고을에서는 풍부한 농산물로 인해 부유한 생활이 가능했었기 때문이다. 또한, 양주는 한양에서 멀지 않은 거리에 있었기 때문에, 많은 홀아비가 혼자 살며 외롭게 지내던 곳이기도 했다. 이런 배경에서 '양주 사는 홀아비'라는 지명속담이 생겨난 것이다. 따라서 이 지명속담은 재물은 충분히 가지고 있지만, 사회적 관계나 정서적인 부분에서 외롭고 만족스럽지 못한 삶을 사는 사람을 빗대어 이르는 말이었다. 흔히 부유하더라도 행복을 느끼지 못하는 사람의 상황을 표현할 때 사용했다.

마지막으로 '허리에 돈 차고, 학 타고 양주에 올라갈까.'라는 지명속담이 있다. 이것은 언제 많은 돈을 마련하여 학을 타고 양주 구경을 갈 수 있겠느냐는 뜻으로 평생의 소원을 언제 풀어 보겠느냐는 말이다. 즉, 경제적 여유를 얻은 사람이 자신의 과거를 되돌아보며, 이제는 더 나은 삶을 살기 위해 좋은 곳으로 이주하고 싶어 하는 마음을 비유적으로 표현한 것이다. 조선 시대에 양주 고을은 부촌이었고, 게다가 양주는 지리적으로 한양과 가까워 상업적으로도 중요한 위치를 차지하고 있었다. 따라서 어느 정도의 경제적 성공을 이룬 사람들은 양주 같은 부유한 고을로 이주하여 더 나은 생활을 꿈꾸고는 했다.

속담에서 '허리에 돈 차고'는 경제적으로 여유가 생긴 상태를, '학 타고'는 학(학식이 높은 사람)처럼 고귀한 존재가 된 상태를 의미한다. 즉, 충분한 돈을 벌고 사회적으로 성공한 뒤, 양주와 같은 부유한 지역에서 살고자 하는 욕망이 지명속담에 담겨 있는 것이다.

광릉(光陵)

> • 광릉을 부라리다.

　광릉은 조선 7대 임금인 세조(재위 1455~1468)와 부인 정희왕후 윤 씨 (1418~1483)의 무덤이다. 세조는 세종의 둘째 아들로 형인 문종이 세상을 떠난 후 어린 단종이 왕위에 오르자, 계유정난(1453)을 일으킨 후에 1455년에 단종으로부터 왕위를 물려받았다. 계유정난 때 수양대군(세조)은 무단적인 방법으로 왕족, 비빈, 대신 등 정적들을 숙청하여, 이후 백성들의 원성이 자자했다.

　정희왕후 윤 씨는 단종 원년(1452) 수양대군이 김종서 등을 제거하는 거사 때, 모의가 새어나가 손석손 등이 만류하였으나, 수양대군이 중문에 이르자 갑옷을 들어 입혀서 용병(用兵)을 결행하게 한 왕후였다. 또, 조선 시대 최초로 수렴청정을 시행했다. 수렴청정은 나이 어린(20세 이하) 임금을 대신해서 왕대비가 정치를 대신하는 것으로, 당시 성종이 어린 나이에 왕위에 올랐으므로 정사를 돌보게 된 것이다. 정희왕후는 성종 14년에 세상을 떠났다.

　광릉에도 지명속담이 붙었다. '광릉을 부라리다.'라는 어구이다. 이

남양주 광릉

는 '눈을 부라린다.'라는 말로, '부라리다'는 '눈을 크게 뜨고 눈망울을
사납게 굴린다.'라는 뜻이다. 성질이 좋지 못하고 조급한 사람을 두고
하는 말이다. 태조와 정의왕후의 계유정난과 정희왕후의 수렴청정
에서 보았던 매섭고 사나운 눈이 죽은 그들의 무덤인 광릉에 비유되
었다.

광릉의 무덤 배치는 사진과 같이 동원이강릉(同原異岡陵) 형태를 취

하고 있다. 조선 최초의 무덤 배치 양식이다. 이전까지는 왕과 왕비의 무덤을 나란히 두고자 할 때는 쌍릉(고려의 현릉, 정릉)이나 합장릉(세종과 소헌왕후 심씨의 무덤인 영릉) 형태를 취하였으나, 광릉은 두 언덕을 한 정자각으로 묶는 새로운 무덤 배치로 후세의 무덤 제도에 영향을 끼쳤다. 그리하여 세종의 구 영릉이 조선 전기 왕릉 제도를 총정리한 것이라고 한다면, 광릉은 조선 전기 왕릉 제도의 일대 변화를 이룬 능으로 조선 왕릉 제도상 중요한 위치를 차지하고 있다.

용문산(龍門山)

> - 용문산 안개 두르듯
> - 용문산에 안개 모이듯

경기도의 영산인 용문산(1,157m)은 고산다운 풍모와 기암괴석을 고루 갖춘 산으로, '용문산 안개 두르듯'과 '용문산에 안개 모이듯'이라는 지명속담을 생성했다. '안개 두르듯'은 옷을 치렁치렁 걸친 모양을 비유하고, '안개 모이듯'은 여기저기서 한 곳으로 집결하는 모양을 이르는 말이다.

용이 드나드는 산, 용이 머무는 산이라는 용문산의 원래 이름은 미지산(彌智山)으로 전해온다. '미지'는 '미리(彌里)'의 옛 형태이고, '미리'는 경상, 제주지방의 '용'에 대한 방언이고 보면 용과 연관이 있는 낱말이란다. '용'의 옛말인 '미르'와 음운이 비슷하다. 그 말은 미지산이나 용문산이나 뜻에서는 별 차이가 없다는 얘기이다. 그런데 '미지산'에서 '용문산(龍門山)'으로 언제 바뀌었는지 정확하지는 않으나, 다만 조선 태조 이성계가 용이 날개를 달고 드나드는 산이라 하여 '용문산'이라 칭했다는 설화가 전해올 뿐이다.

1769년 신경준이 쓴 우리나라 산세를 백두대간과 정간, 정맥으로 구분한『산경표』에는 '미지'라는 산 이름으로 기록돼 있으며, 그보다 200여 년 앞선 1530년, 지리서『신증동국여지승람』에도 '미지산은 현 서쪽 20리 되는 곳에 있다.'라고 기록하고 있어, 미지산이라는 지명이 살아 있었다. 고려 말에서 조선 초까지의 문서에서는 미지산으로 기록돼 있었다. 그러나 14세기 조선 중기 시인 이적의 시 중에 양근(양평의 옛 지명)을 '왼쪽으로는 용문산에 의지하고'라는 구절로 읊고 있는 것을 보면, 14세기부터 용문산이란 이름이 미지산과 함께 쓰인 게 분명하다. 또한, 1710년(숙종 36) 윤두서가 제작한 조선의 지도인「동국여지도」와 1861년 조선 철종 12년 고산자 김정호가 만든「대동여지도」에도 '용문산'으로 기록된 점을 볼 때, 18세기 이후에는 '용문산'으로 지명이 완전히 굳어진 것으로 보인다.[39]

안개와 관련해 용문산을 말해 본다면, 한마디로 안개의 산이라고 부를 수 있다. 안개는 보통 수증기 공급이 많은 산간 분지에서 기온의 일교차가 클 때 자주 발생하며 짙게 낀다. 그런 면에서 용문산은 안개 발생의 적지에 해당한다. 용문산은 백두대간, 한북정맥, 한남정맥으로 둘러싸인 분지 가운데 있는 산이기 때문이다. 용문산은 백두대간(오대산 두로봉)에서 한북정맥과 한남정맥 사이로 뻗어 나온 산줄

---

39. 양평백운신문(2008.11.21.)

용문산 안개

기인 한강기맥 끝부분에 우뚝 솟아 있는 봉우리이다. 산줄기 북쪽에는 북한강이, 남쪽에는 남한강이 흘러 용문산에서 안개가 발생하는 데 필요한 수증기의 주요 공급원이 되고 있다. 또, 내륙 분지여서 일교차가 크다. 게다가 용문산은 해발고도가 높아 고도가 높아질수록 기온이 낮아짐으로 안개구름의 발생 빈도가 높아진다.

황해도의 지명속담

3

봉산(鳳山)

- 봉산 참배
- 봉산 참배는 물이나 있지.
- 맛있지만 봉산 배

봉산은 재령강 유역에 형성되어 있는 재령평야의 동쪽 지역, 즉 봉산 평야와 그 동북쪽의 낮은 구릉을 포함하는 지역에 해당한다. 넓은 면적의 봉산 평야는 수리 시설을 잘 갖추고 있어 농작물 중에서도 벼의 비중이 높았다. 그뿐만 아니라 옥수수, 보리, 콩, 수수 등 밭작물과 대추, 포도, 사과, 배, 복숭아 등 과수 재배도 활발했으며, 그중에 대추, 포도, 배가 유명했다.

봉산 북부 지역에는 정방산을 비롯한 산들이 동서로 산줄기를 형성하고 있으며, 산줄기의 남쪽 기슭은 일조량이 풍부하고 물 빠짐이 좋아 과수 재배에 유리했다. 연 강수량은 897mm[40]로 과수 재배에 적당하며, 넘치지 않는 강수량은 일조시수 확보에 도움을 주었다. 또

---

40. 『한국민족문화대백과사전』 '봉산군'

한, 과수 재배는 시장 접근성이 중요한 요인인데, 봉산은 한양에서 북경으로 가는 의주대로가 지나가는 도로교통의 요지였다. 경의선 철도가 개통(1905)된 이후에는 사리원에서의 농산물 거래뿐 아니라 사리원을 거쳐 평양 등 대도시로의 과수 시장 접근이 훨씬 수월해졌다.

이런 기후, 지형, 교통, 시장 등의 지리적 조건이 유리하여 봉산에서는 일찍부터 과수 농업이 발달했다. 그중 대표적인 특산물 중의 하나가 지명속담에 등장한 배였다. 황해도 봉산 지방의 배는 껍질이 얇고 배 맛이 소위 봉산 참배 맛이라고 할 정도로 과일의 당도가 매우 높았기 때문이다.

최영년의 『해동죽지』(1925)에 따르면, 봉산 배는 황해도 봉산군에서 나는데, 맛이 참으로 달고 향기가 맑아서 최고로 좋은 절품(絶品)이라 하여 '참배(眞梨)'라고 이름 붙였다고 한다. 이런 봉산 배의 품질이 인성에 비유되어 등장하게 된 지명속담들이 있다. 이를테면, 싹싹한 사람을 두고 비유로 '봉산 참배'라고 한다. 또, 맛이 좋기로 소문난 봉산의 참배도 물이 있는 것이 흠이나 그런 흠도 없다고 하니 사람됨이 워낙 훌륭하여 조금도 결점이 없다는 뜻으로 쓰이는 '봉산 참배는 물이나 있지.'라는 지명속담도 있다.

이규경의 『백운필』(1863)에는 '맛있지만 봉산 배(鳳山梨)'라는 조선 시대에 통용되던 지명속담이 기록되어 있다. 당시 배의 진품으로는 청술레, 황술레, 합술레 등이 있었는데, 그 가운데 봉산 배를 최고로 쳤

봉산군

다. 일찍이 어느 재상에게 집안의 동생뻘 되는 친척이 봉산 군수가 되어 배를 보내왔다. 하루는 조카가 재상을 뵈러 왔다. 재상은 조카에게 봉산에서 배를 보내왔는데 배가 아주 맛있다며, 여종에게 봉산 배를 한 개 가져오라고 했다. 그러고는 직접 배 껍질을 벗겨 먹으면서 말하길, "봉산 배가 맛있다더냐?" 하고 물었다. 조카가 대답하지 않으니, "봉산 배가 과연 맛있더냐?"라고 다시 물었다. 그러자 조카가

"맛있는 건 자기에게 맛있는 건데, 저는 아직 봉산 배를 먹어보지 못했으니, 어찌 봉산 배가 맛있는지 없는지 알겠습니까?" 하고 대답했다. 이같이 조카를 앞에 두고도 혼자 봉산 배를 먹었던 재상의 일로부터 사람들은 맛있지만 자기와 관련 없는 것을 '(맛있지만) 봉산 배'라 이르게 되었다고 한다.[41]

> • 봉산 수숫대 같다.

봉산에는 '봉산 수숫대 같다.'라는 지명속담이 있다. 황해도 봉산에서 나는 수숫대는 키가 유달리 크다고 하여, 몸이 남달리 수척하고 후리후리한 사람을 두고 비유하는 말이다.

---

41. 고전문학연구회(편역), 2009.

정방산(正方山)

정방산은 이름 그대로 사각형 산이다. 기봉산, 모자산, 노적봉, 대각산의 산마루가 서로 잇닿아 정사각형을 이룬다고 하여 부르는 이름이다. 이 산은 해발고도(480m)는 그리 높지 않으나, 일망무제의 벌판인 재령평야를 끼고 있어 유독 높아 보인다. 정방산의 기암절벽과

『대동여지도』 속 정방산 산줄기

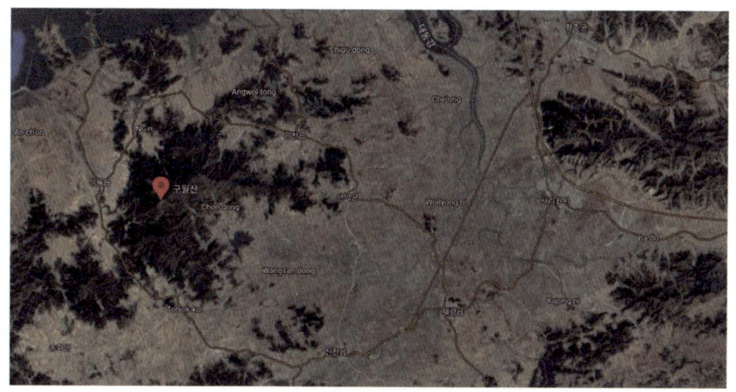

구월산과 그 동쪽 재령평야

수목 풍경, 그리고 정방 산성, 성불사를 비롯한 역사 유적 등이 혼연 일체를 이루어 하나의 아름다운 공원을 만들었다. 구월산이나 멸악 산처럼 험난하고 수려하지는 않지만, 재령평야 주변에서 주민들과 함께한 친숙한 산이었다.

과거 정방산은 숲이 우거졌으며, 병풍처럼 둘러선 절벽과 사방에 솟은 봉우리, 2단 폭포 등이 있어 좋은 경치와 운치를 주고 서남부의 평야를 수호하는 역할을 했었다. 특히, 고려 시대에 정방 산성이 만들어지고 국방 경계의 중요 지역이 되었다. 정방산 마루 둘레가 12km, 성안 면적이 약 2km² 되는 규모의 정방 산성은 성안에 4개의 못과 7개의 우물이 있어 임진왜란과 병자호란 등 외침이 있을 때마다 재령평야 주민의 도피처가 되었고, 황주와 봉산 일대에서 활약하던 의병부대의 근거지가 되었다.

정방산의 기하학적인 형태와 관련해 나온 지명속담이 있으니, '앞으로 보나 뒤로 보나 정방산'이라는 표현이 그것이다. 아무리 여러 가지 모양으로 변해도 결국은 같다는 것을 비유한다. 또, 누구나 속아 넘어갈 만큼 이야기를 잘 꾸미거나 허풍을 잘 떠는 경우, '정방산도 돌려 꾸민다.'라는 지명속담을 쓰면 된다.

안악(安岳)

안악은 '평지 위로 솟은 곳'이라 하여 붙여진 땅이름이다. 조선 전기의 문신 어세겸과 유윤겸의 시에 나타난 안악을 감상해 보자.

'멀리 바라보니 구름은 매인데 없고, 높은 곳에서 보니 대지는 떠 있는 것 같구나'(어세겸)

'우연히 양산군*에 이르니 중천에 다락이 솟아 있네. 올라가 구경하니 봄기운이 호탕하게 풍겼구나'(유윤겸)

*안악군의 옛 지명

여기에서 공통된 표현이 확 트인 벌판과 솟아 있는 산세이므로, 안악이라는 땅이름도 이러한 땅의 생김새와 무관하지 않음을 확인할 수 있다.[42]

---

42. 오홍석, 2008

구월산

　안악에는 구월산(954m)에서 뻗어 나온 산줄기인 오봉(859m), 삼봉(614m)이 서부에 높이 솟아 있고, 이 봉우리들을 중심으로 동부, 동북부, 북부 방향으로 산줄기가 나뉘면서 양산, 검산, 봉산, 고남산, 양담산 등의 산들이 즐비하게 솟아 있다. 또, 산지들 사이에 발달한 서강, 직천, 수합강 등의 하천은 북쪽과 동쪽으로 흐르다 재령강에 합류한다. 안악의 기후는 산악, 평야, 해안을 모두 포함하고 있어 여름과 겨울의 경우 지역마다 약간씩 다른 양상을 보이지만, 대체로 기온의 연교차(1월과 8월의 평균 기온 차이)가 심한 대륙성 기후이다. 연평균 기온

10.9℃, 1월 평균 기온 -6.1℃, 8월 평균 기온 25.6℃이며, 연 강수량은 2,660mm이다.

1413년 현(縣)에서 군(郡)으로 행정단위가 바뀐 안악에는 군수가 부임했다. 『세종실록지리지』에 따르면, 15세기 중엽의 호구는 991호에 3,703명으로 비교적 적은 편이었다. 조선 전기에도 주민의 생활이 크게 펴지지 못했으며, 16세기 중엽에는 구월산을 중심으로 활동하던 임꺽정의 주요 활동 근거지가 되었다. 이것으로 인해 안악 고을은 1589~1608년의 기간 외에도 여러 차례 군에서 현으로 강등되는 곡절을 겪었다. 임진왜란 때는 구월산에 주둔하던 왜군이 명나라 군대의 공격을 받아 후퇴하자, 의병을 일으켜 왜군을 공격해 공로를 세웠다. 17세기에는 구월산에 산적이 많이 모였기 때문에 1684년 신천에 배치된 중영장(中營將)을 안악으로 옮기고, 중군(中軍)을 두어 토포사의 직무를 맡게 했다.

하지만 18세기에 들어서자 안악 고을은 변화하기 시작했다. 벼와 목화재배를 중심으로 한 농업이 크게 발달했다. 간척사업이 활발히 진행되었고, 평안도 지방과의 교역도 많아졌다. 1759년 자료에 의하면, 군세가 매우 커졌으며, 호구는 1만 4509호에 인구는 5만 1,247명으로 늘어나 황해도에서는 해주 다음으로 많아졌다.

안악은 은율과 함께 구월산을 둘러싸고 있는 고을이다. 구월산에 오르면 드넓게 펼쳐진 주변 평야를 한눈에 조망할 수 있다. 높은 산만큼이나 골짜기도 깊다. 안악의 구월산은 산이 높아 해가 뜬 날도 산 밑은 그늘이 져서 침침했다. 안악을 배경으로 하는 지명속담은 이러한 구월산의 영향을 받았다. '안악 사는 과부'라는 지명속담이 바로 그것인데, 밤낮의 구별이 없거나 밤낮을 분간하지 못함을 비유하는 말이다. 예문으로는 "그 사람은 하루 종일 불평만 해. 마치 안악 사는 과부 같아." "밤낮도 모르고 신세 한탄만 하니, 안악 사는 과부라는 말이 딱 맞네."와 같은 것이 있다.

신계(新溪)와 곡산(谷山)

한반도 지형을 배운 사람이라면 신계와 곡산을 말할 때 우선 화산 지형을 떠올리게 된다. 구체적으로 이곳에는 유동성이 큰 현무암질 용암이 분출해 형성한 용암대지가 발달해 있다. 신계는 삼면이 산으로 에워싸여 있는 산악지대이면서 동시에 분지 지역이다. 예성강의 지류인 지석천이 신계 고을의 중앙을 가로지르며 남쪽으로 흐르다가 남부에서 예성강에 합류하면서 주변에 신계분지를 만들어 놓았다. 예부터 신계, 곡산, 수안은 '산중삼읍(山中三邑)'으로 불렸던 고을들이다.

한편, 신계 북쪽의 곡산은 해발 1,000m 이상의 높은 산과 계곡이 있어 깊은 골짜기와 높은 산이라는 뜻의 '곡산(谷山)' 지명에 어울리는 고을이다. 동쪽, 서쪽, 북쪽의 삼면은 산맥으로 둘러싸인 고원지대이며, 중남부 지역인 남강과 곡산천 유역은 곡산 분지를 중심으로 펼쳐져 있는 평야 지대를 이루고 있다. 곡산 고을은 지리적으로 산간벽지에 자리 잡고 있어 예로부터 산업, 교통은 물론 교육 여건도 다른 고을보다 좋지 못했다. 임야 면적이 85%로 대부분 지역이 산지로 되어

신계곡산 미루벌

있고, 산록이 방목에 적합해 축우(畜牛)가 활발하며, 한지, 꿀 등의 산물이 많다. 곡산 한지는 수안 한지와 함께 품질이 좋고 우아해 전국에서 손꼽히는 것이었다. 경지는 좁으나 인구가 적어 호당 경지면적은 2.4ha나 되며, 경지의 95% 이상이 밭농사 지역이다. 조, 메밀, 옥수수, 콩 등이 주로 생산된다.[43]

신계곡산 용암대지의 농경지는 용암대지 전체 면적에서 약 50%를 차지하며, 그 가운데 논이 30%, 밭이 63%, 과수원이 6%, 뽕밭이 1%를 점한다.[44]

---

43. 『대동지지』, 『곡산읍지』(1899)
44. 『한국민족문화대백과사전』 '신계곡산용암대지'

밭농사와 과수 중심의 농업이 주를 이루고 있다는 점은 섬 전체가 화산 지형인 제주도의 농업 구조와 닮았다. 이에 신계와 곡산 관련 지명속담에는 지역의 주요 산업인 밭농사가 스며들어가 있다. 즉 '신계곡산 밥이로구나.'라고 하는 지명속담이다. 이 지역은 산이 많고 물 빠짐이 좋은 용암대지여서 벼농사가 불리해 밭작물 조를 많이 심었다. 그래서 황해도 신계곡산 지방의 밥이라고 하면, 자연스럽게 조밥을 떠 올리게 되었다고 한다.

금천(金川)

금천은 황해도에서 경기도, 강원도와 경계를 이루는 곳에 자리한다. 경기도와의 경계에는 임진강이 지나간다. 금천의 대부분은 예성강 유역과 동쪽으로부터 예성강으로 흘러 들어오는 구연천 유역으로 이루어져 있다. 고려 때는 수도인 개성의 서북쪽에 예성강을 끼고 접해 있다는 지리적 여건으로 말미암아 금천은 육상 및 수상 교통의 요지요, 또 군사적 요충이었다. 동남쪽으로는 개성, 남쪽으로는 배천, 서쪽으로는 해주, 서북쪽으로는 재령과 연결되는 길목이었다.

조선 시대에는 예성강이 지나는 서북면 조읍리에 조읍포창(助邑浦倉)이 있었다. 조읍포는 화물을 실은 범선들이 밀물과 썰물을 이용하여 드나들 수 있는 천혜의 포구였다. 이곳은 농산물 집산지로서, 특히 황해도 황주, 봉산, 안악, 재령, 평산 등 12개 고을에서 가져온 조세 양곡을 보관하였다가 수운판관의 지휘 아래 서해와 한강을 통해 서울의 마포진으로 옮겨가는 장소였다.

개성 인삼이라고 하는 인삼의 상당량을 이곳 금천에서 재배한 것이 금천 고을 발전에 큰 몫을 했다. 『세종실록지리지』에 따르면 15세기 중엽 금천의 호수는 1,528호, 인구는 4,330명이었는데, 1828년에는 호수 4,119호, 인구 2만 700명으로 많이 늘었다.

금천은 황해도 고을이지만 경기도와 경계를 이루는 곳이고, 예성 강을 이용한 교통이 편리해 서울을 왕래하는 일에는 그리 큰 어려움 이 없었다. 이러한 지역 특성으로 인해 금천 원님은 서울을 자주 방 문하였으리라. 그래서 금천에서는 서울을 왕래한 이유와 관련해 지 명속담이 형성되었다. '금천 원이 서울 올라 다니듯'이라는 지명속담 이며, 이것은 두 가지 뜻을 가지고 있다. 첫째, 금천군의 원이 출세해 보려고 서울의 세도가들에게 뻔질나게 찾아다니듯 한다는 뜻으로, 출세욕에 눈이 어두워 중앙의 권세 있는 자나 상부 기관에 뻔질나게 찾아다니는 모양을 비웃는 말이다. 둘째, 일을 빨리 이루려고 하나 도리어 더 더디고 느리게 되는 것을 말한다.

평안도의 지명속담

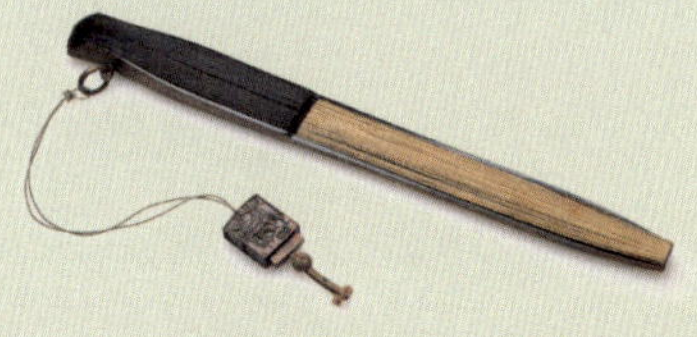

4

평양(平壤)

- 살갑기는 평양 나막신
- 평양 황고집이다.
- 평양 돌팔매 들어가듯
- 평양 병정의 발싸개 같다.

　평양은 평안도의 최고 중심지였기 때문에 평양 속담은 물론 거기에 더하여 평안도 속담의 배경이 되었던 고을이다. 평양을 배경으로 하는 지명속담으로는 4가지가 보인다. 이를테면 '살갑기는 평양 나막신', '평양 황고집이다.', '평양 돌팔매 들어가듯', '평양 병정의 발싸개 같다.' 등과 같은 지명속담이 평양을 배경으로 만들어졌다.

　첫째, '살갑기는 평양 나막신'이라는 지명속담을 살펴보자. 나막신은 나무를 파서 만든 신발로서, 선조들은 주로 비 오는 날 진흙 길을 걸을 때 나막신을 신었다. 그런데 왜 평양의 나막신이 '살갑다.'라고 하는 것일까? 평양 나막신은 다른 지방의 나막신보다 신기에 편안했고 안쪽이 넓었다는 두 가지 특징이 있었다. '살갑다.'라는 것은 '집이나 세간 따위가 겉으로 보기보다는 속이 너르다.'라는 뜻도 가지고 있어 '안쪽이 넓다.'라는 것을 설명해 준다. 이에 신기에 편안한 평양 나막신처럼 붙임성이 있고 사근사근한 사람, 안쪽이 넓은 평양 나막신처럼 몸은 작은 데 음식은 남보다 더 많이 먹는 사람을 비유하는 지명속담이 되었다.

'나막신' 지명속담

연못골 나막신

'연못골 나막신을 신긴다.'라는 지명속담이 있는데, 이것은 얼굴을 마주 대하고서 사람을 치켜세운다는 뜻이다. 연못골에서 생산된 나막신이 품질이 좋아 사람들에게 인기가 많은 데서 연유했다. 속된 말로 '비행기 태운다.'와 같은 뜻으로 쓰인다.

연못골은 지금의 서울특별시 종로구 연지동을 가리키는 옛 이름이다. 그곳에는 천민이 많이 모여 살았는데, 특히 나막신을 만들어 파는 일을 업으로 삼는 이들이 많았다고 한다. 연못골은 길이 젖어 있는 경우가 많으므로 다른 곳보다도 나막신이 더 필요했고, 또 이것을 만들어 파는 일이 발달해 제품이 우수했던 것 같다.

남산골 딸깍발이

나막신은 조선 말기 청빈한 선비의 상징처럼 여겨졌다. 양반은 평민처럼 짚신이나 미투리 같은 것은 신지 않았기 때문에 가난한 선비는 맑은 날에도 어쩔 수 없이 나막신을 신고 다녔다. 남산골에는 가난한 선비가 많았으며 이들을 '남산골 딸깍발이'라고 했다.

○ **굽이 달린 나막신** 궂은 비 오는 날 옷자락 끝이 젖는 걸 방지하거나 바닥에 진흙과 돌이 많아 걸어 다니기 힘들 때 신기 위한 것이나 굽이 없는 것도 있었음.

나막신은 조선 말기까지 널리 이용되다가 1910년 이후 편하고 질긴 고무신이 등장하자 경쟁에서 밀려 1940년대를 전후하여 거의 사라졌다.

* * *

둘째, '평양 황고집이다'라는 지명속담이 있는데, 이는 완고하고 고집이 센 사람을 말할 때 쓴다. '황(黃)'은 조선 후기 영조 때 평양에 살았던 집암 황순승의 성씨에서 따왔다. 이 사람의 고집이 어느 정도였기에 황고집이 고집의 대명사가 된 것일까? 몇 가지 일화를 소개한다.

㉮ 황고집의 집에 이르는 길에 다리가 하나 있었는데, 그 다리는 무덤을 쓰다 남은 나무와 무덤에서 나온 물건을 써서 만든 것이었다. 다른 사람들은 아무렇지도 않게 다리를 이용했으나, 황순승은 무덤을 밟고 지나는 것이나 마찬가지라고 여겨 늘 다리 밑으로 가서 물을 건넜다고 한다. 추운 겨울에도 누가 보든지 말든지 자기가 옳다고 생각한 대로 다리 밑으로 걸었다고 하니 고집이 대단했음을 알 수 있다.

㉯ 언젠가는 볼일이 있어 한양에 갔다가 친구가 죽었다는 소식을 듣게 되었다. 함께 갔던 사람이 조문을 가자고 했으나, "내가 지금 한양에 있는 것은 친구의 죽음을 애도하기 위한 것이 아니라 다른 일 때문이네. 이 일을 마치고 고향에 내려갔다가 다시 친구의 죽음을 애도하러 오겠네."라고 말하고는 고향에 갔다가 다시 와 한양 친구의 집 조문을 할 만큼 고집이 셌다.

㉰ 황순승은 관가에서 베푸는 잔치에 참석하게 되면 노래와 춤을 전혀 거들떠보지도 않았다. 어느 날 친구들이 황고집에게 술을 많이 권하여 취하게 만들고는 춤추기를 권했다. 하지만 "나

는 춤과 노래를 멀리하는 사람일세. 내가 죽었다가 다시 살아난다면 몰라도 지금은 아닐세."라고 말하며 거절했다. 이후 다시는 황고집에게 노래와 춤을 권하지 않았다고 한다.

라 제삿날이 되면 제수(祭需)는 항상 황순승이 준비했는데, 값이 비싸더라도 물건 값을 깎지 않았다. 조상에게 바칠 음식만은 군소리 없이 사는 것이 조상을 받드는 것이라 믿었기 때문이다.

가~라의 일화에서 보듯 황순승은 성품이 매우 곧은 사람이었다. 자기가 옳다고 믿는 일에 대해서는 하늘이 두 쪽이 나도 그대로 행했으며, 행동에 매듭이 분명하고 흔들림이 없었다.

셋째, 석전(石戰), 즉 돌팔매 놀이는 옛날부터 행해지던 놀이였다. 개울이나 고개 등을 사이에 두고 양편으로 나누어 돌을 던지는 놀이인데, 사내들끼리 용맹을 겨루며 전쟁 연습을 겸했다. 그러다가 세시 풍속의 하나로 정착하면서 그해 농사의 길흉을 점치는 놀이로 변했다. 돌팔매 놀이에 대한 최초의 기록은 『수서』의 「동이 고구려조」에 나오는 '고구려는 매년 정초 패수(浿水, 대동강) 위에 모여 좌우로 두 편을 나누고 서로 수석을 던지며 싸운다.'라는 내용에서 찾을 수 있다. 돌팔매 놀이는 거의 전국적으로 행해졌으나 위 기록에서 보듯이 평양을 중심으로 한 지역에서 특히 활발했던 것이 '평양 돌팔매 들어가듯'이라는 지명속담의 유래가 되었다. 이것은 사정없이 들이닥치는 모양 혹은 겨냥한 것이 어김없이 이루어지는 상태를 이르는 말이다.

조선 말기인 1866년에 있었던 '제너럴셔먼호' 사건으로 인해 벌어진 평양 사람들의 돌팔매질은 더욱 유명해졌다. 미국 상선인 제너럴셔먼호가 어느 날 대동강을 타고 평양 인근까지 나타나 통상을 요구했다. 그들은 통상에 항의하는 조선 군사들에게 대포와 장총을 쏘아 댔다. 이 소식을 들은 평양 사람들이 대동강 변으로 나와 이들과 대치하게 되었다. 가진 무기가 없는 평양 사람들은 대동문 앞에 돌을 산더미처럼 쌓아놓고 배를 향해 던졌다. 이때 유명한 돌팔매꾼 이만춘이 주먹만 한 돌멩이로 대동강 수심을 재고 있던 자의 머리를 정통으로 맞혀 쓰러뜨렸다는 이야기가 전해진다. 이 과정에서 우리 편 7명이 죽고 5명이 다쳤다. 이를 두고 명백한 영토 침범이라고 판단한 평안도 관찰사 박규수가 철산 부사 백낙연 등과 상의하여 화공 및 포격을 가하여 셔먼호를 불태워 격침했다. 결국, 토머스를 비롯한 전 승무원 23명이 불에 타죽거나 익사했다.

마지막으로, '평양 병정(兵丁)의 발싸개 같다.'라는 지명속담인데, 무엇이 매우 지저분하고 더럽다는 것과 말이 흉측하고 난잡하다는 의미를 나타낸다. '평양 병정'은 아라사(러시아) 병정과 관계가 있다. 러일전쟁 때 러시아 병정의 차림이 더럽고 그 장화 속이 더러움을 본 것이다.

대동강(大同江)

- 대동강에서 모래알 줍기
- 우수 경칩에 대동강 물이 풀린다.
- 우수에 풀렸던 대동강이 경칩에 다시 붙는다.
- 실도랑 모여 대동강이 된다.
- 도깨비 대동강 건너듯

지명속담의 배경이 되는 대동강을 먼저 들여다보자. 대동강을 무시하고 평양을 노래할 수 없고, 평양을 떠나서는 대동강을 말할 수 없다. 대동강은 평양의 젖줄이고, 대동강 유역의 사람과 물자가 대동강 물을 타고 평양에 모여들었다가 흩어졌다 하기 때문이다. 여기서 대동강의 지명 유래에 관한 시구가 있어 소개한다. 고려 고종 때의 문신 최자는 그의 시구에 '여러 물이 모여서 돌아 흐르므로 이름이 대동강이 되었다(衆水所匯名爲大同).'라고 그 이름의 유래를 밝혔다.[45]

평양을 감싸고 흐르는 대동강의 강섬과 강변에는 모래알이 많았다.

---

45. 『한국민족문화대백과사전』 '대동강'

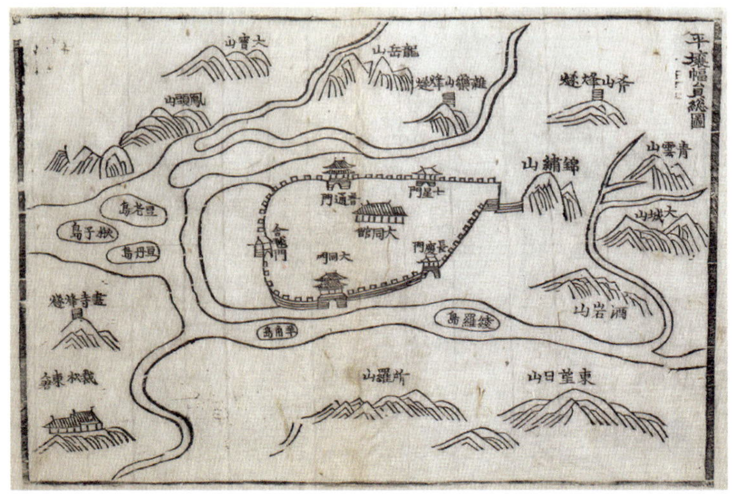

평양폭원총도

하구나 하류에는 진흙이, 상류에는 퇴적보다는 침식작용이 왕성하여 모래와 같은 퇴적 물질이 극히 적은 데 반해, 대동강의 중류에 해당하는 평양을 지나는 대동강의 퇴적 물질은 모래가 많기 때문이다. 여기에서 '대동강에서 모래알 줍기'라는 지명속담이 나왔다. 북한에서는 이 속담을 아무리 애써도 보람이 없는 일에 비유하여 쓴다.

위 지도는 1590년에 편찬된 윤두서의 『평양지』에 수록된 목판본 평양 지도이다. 대동강과 보통강이 해자와 같은 기능을 하여 천혜의 요새 평양성을 그리고 있으며, 또 대동강 줄기의 강섬 능라도와 양각도 그리고 보통강과의 합류 지점에 있는 강섬 두로도, 두단도, 추자도를 표현하고 있다. 따라서 평양을 둘러싸고 있는 대동강과 보통강의 강변과 강섬에는 모래가 무궁무진했을 것이다.

다음으로는 우수, 경칩 절기와 연관하여 대동강이 들어간 두 가지 지명속담이 전해온다. '우수 경칩에 대동강 물이 풀린다.'와 '우수에 풀렸던 대동강이 경칩에 다시 붙는다.'라는 속담이다. 첫째, '우수 경칩에 대동강 물이 풀린다.'라는 지명속담은 우리나라 북부 지방에 속하는 평양 대동강에는 봄이 늦게 온다지만, 입춘 후 보름이 되어 우수가 되고 한 달이 지나 경칩이면 거기에도 얼음이 녹고 날이 풀린다는 뜻이다. 그러므로 우리나라 전역에는 겨울이 물러나고 봄기운이 완연해진다는 말이다. 북부 지방의 중심지인 평양의 대동강 얼음이 녹는다는 것은 한반도 대부분의 농사 지역이 깨어난다는 것을 상징적으로 알려준다.

둘째, '우수에 풀렸던 대동강이 경칩에 다시 붙는다.'라는 것은 변덕이 심한 봄 날씨를 대변하는 표현이다. 우수(雨水)는 '눈이 녹아 비가 된다.'로 봄비가 내리기 시작한다는 뜻이다. 24절기 가운데 두 번째 절기로 양력 2월 19일경에 찾아온다. 한편 경칩(驚蟄)은 '동면하던 동물들이 깨어나 밖으로 나온다.'라는 뜻으로 24절기 가운데 세 번째 절기 양력 3월 6일경에 찾아온다. '풀리고'는 '따뜻해졌다', '붙는다'라는 것은 '추워졌다'라는 말이므로 변덕이 심한 봄 날씨를 표현한 것이다. 우수에 따뜻해져서 두꺼운 겨울 외투를 벗었으나 경칩에 추워져 겨울 외투를 입어야 하는 모습을 비유한다. '경칩에 다시 붙는다.'라는 표현은 꽃샘추위에 다시 대동강 물이 얼었다는 의미이다.

그리고 '실도랑 모여 대동강 된다.'라는 지명속담에서 실도랑이란 좁고 작은 도랑을 말한다. 그래서 실도랑이 모여 조금 넓고 큰 도랑이 되고 결국에는 평양의 대동강처럼 큰 하천이 된다는 것이다. 실도랑은 지류의 대명사에, 대동강은 가장 넓고 큰 하천에 비유하여 표현한 것이다. 앞에서 언급한 대동강의 이름 유래에서처럼 많은 지류가 모여 대동강이 되었다고 하듯이, 이러한 대동강의 특성이 '실도랑 모여 대동강이 된다.'라는 지명속담 형성에도 영향을 주었다. '티끌 모아 태산'이 이와 같은 똑같은 의미의 격언이다.

마지막으로 '도깨비 대동강 건너듯'이라는 지명속담이 있는데, 도깨비가 폭이 넓은 큰 강, 대동강을 '휙' 하고 건너간다. 사람이 나루에서 배를 타고 헤엄쳐 건너는 것보다 훨씬 빠른 속도로 순간 이동을 한다. 이 속담이 비유하는 바는 일의 진행이 눈에 띄지는 않으나 그 결과가 빨리 나타나는 모양을 이르는 말이다. 여기서 대동강은 넓고 큰 강 중 대표적인 강으로 언급되었다. 그러면 대동강을 큰 강이라 하는데, 도대체 대동강은 평양에서 어느 정도 넓은 강을 유지하고 있을까? 평양 대동교 근처의 강폭은 대략 500m에 이른다.[46] 평양성에서

---

46. 필자가 구글 지도에서 축척을 이용해 계산한 것이다.

내려다봤던 대동강의 폭이다. 서울에서 한강의 폭은 750m 내외인 것에 비하면 좁지만 그래도 꽤 폭이 넓은 하천이다. 대동강은 길이가 438km이고, 유역면적은 1만 6,673km^{2}이다. 우리나라에서 다섯 번째로 긴 강이고, 좌안에 지류가 많으며 모두 443개의 지류를 가졌다. 그 중에서 길이 15km 이상 되는 지류가 26개이다. 주요 지류로는 좌안에 마탄강, 비류강, 곤양강, 황주천, 재령강 등이, 우안에 보통강, 송화강 등이 있다.

- 대동강에 배 지나간 자리
- 대동강 팔아먹을 놈

여기에 대동강 지명속담 두 가지를 더 소개한다. '대동강에 배 지나간 자리'라는 속담이 있는데, 이것은 많은 것 가운데서 조금 떠내도 흔적이 안 난다는 말로 쓰이거나, 무슨 일을 저질러 놓고 감쪽같이 흔적을 남기지 아니한다는 말이다. 그리고 '대동강 팔아먹을 놈'이라는 어구는 욕심이 사납고 엉뚱한 짓을 잘하는 사람을 보고 하는 말이다.

압록강(鴨綠江)

우리나라에서 가장 큰 강, 압록강은 백두산 천지 부근에서 발원하여 우리나라와 중국의 동북 지방과 접경을 이루는 국제 하천으로, 혜산, 중강진, 만포, 신의주 등을 거쳐 용암포에서 서해로 흘러든다.『신증동국여지승람』에 의하면, 압록강의 물빛이 오리의 머리 빛처럼 푸른 색깔을 하고 있다고 하여 압록(鴨綠)이라 이름을 붙였다고 한다.[47]

압록강은 허천강, 장진강, 부전강, 자성강, 독로강, 충만강, 삼교천 등 유로가 100km가 넘는 여러 하천을 포함하여 수많은 지류로 연결되어 있다. 압록강의 길이는 직선거리로 400km 정도에 이르나, 상류 쪽에서 심한 곡류를 이루므로 실제 강 길이는 직선거리의 2배에 가깝다. 우리나라에서 제일 긴 강으로 강의 길이는 803.3km이고, 유역면적은 3만 1,226km^{2}이며, 가항 거리는 698km이다.

압록강은 우리나라에서 포장 수력 자원이 가장 풍부한 하천이다.

47.『한국민족문화대백과사전』'압록강'

1920년대 이후 강의 지류와 본류 여러 곳에 대규모 수력발전소가 건설되었다. 일제강점기에 부전강(1929), 장진강(1931), 허천강(1941)에 유역변경식발전소가 건설되어 흥남, 청진을 비롯한 산업 단지는 물론 멀리 떨어진 평양, 서울까지 전기를 공급했고, 압록강 중류에는 저낙차식 발전소인 수풍댐(1944)을 건설하여 신의주, 정주 등 주변 산업 단지에 전기를 공급했다.[48]

규모가 가장 큰 하천인 압록강과 팥죽은 어떤 관계가 있을까? 역병을 물리치는 최고의 음식은 팥죽이었다. 한국, 중국, 일본 등 삼국 공통의 역병 치료 음식이었으니 그만큼 효과가 있었던 게다. 그 증거가 바로 동지팥죽이다. 흔히 동짓날 팥죽을 먹는 이유를 귀신이 팥의 붉은색을 무서워해 액땜이 된다고 하는데, 이것은 주술적 측면이고 과학적 근거는 따로 있다.

동지팥죽의 기원은 모두 6세기 초반 중국 양나라 종름이 썼다는 『형초세시기』에서 찾는다. 옛날 황하 중류를 다스렸던 공공씨(共工氏)라는 강의 신에게 아들이 한 명 있었다. 아버지와 달리 재주도 없고 말썽만 피우며 온갖 못된 짓을 하다 동짓날 죽어 역귀(疫鬼)가 됐다. 마침 이 귀신이 팥을 무서워했기에 팥죽을 끓여 역귀를 쫓았다고 한다. 역귀는 한자로 전염병인 역(疫), 귀신을 말하는 귀(鬼)이니 곧 전염

48. 『한국민족문화대백과사전』 '압록강'

병을 옮기는 귀신이다. 정리하면 강의 신 공공씨가 분노해 홍수를 일으켰고, 그러자 재주 없다는 아들이 전염병을 퍼뜨렸다는 이야기이다. 『형초세시기』는 형초 지방의 명절 풍속을 적은 책인데, 형초 고을은 양쯔강 중류에 위치하며 옛날부터 홍수가 빈발했던 곳으로 알려져 있다. 홍수가 나면 자연스레 뒤따라오는 현상이 전염병이다. 방역 시설이 제대로 없었을 6세기 무렵이었으니 홍수 후 전염병 발생은 필연이었을 것이기에, 그 두려움이 홍수를 일으키는 강의 신인 공공씨의 재주 없는 아들이 죽어서 역귀가 됐다는 말로 표현되었다. 뒤집어보면 백성들은 가진 재산을 몽땅 홍수로 떠내려 보내고 전염병으로 가족을 잃고 시달리며 힘든 삶을 살았다. 그러므로 동지팥죽에서 이런 고난을 극복하려고 하는 6세기 백성의 생활상을 엿볼 수 있는 거다.

그런데 왜 하필이면 팥죽이었을까? 정확한 이유는 알 수 없다. 다만 5~6세기 무렵 팥은 일반 백성들에게 최고의 영양식이었을 것이다. 6세기는 아직 벼농사 지역인 중국 남방에도 쌀이 널리 퍼지지 못했을 때다. 그러니 일반 백성들한테는 영양가가 높은 팥이 특별 영양식 역할을 했을 것이다. 실제로 당시 의사들은 하나같이 병을 고치는 묘약으로써 팥을 활용했다. 6세기 양나라 의사 도홍경도 『신농본초경』에서 "팥은 부기를 가라앉히고 그름을 없애 준다."라고 했으니, 팥은 이질 같은 전염병 역귀를 물리치는 데 안성맞춤이었던 게다.

신의주(도시) 인근의 압록강

　　정리하면 압록강의 물 자원처럼 많은 양의 영양가 높은 팥죽이 있
어도 게을러서 움직이기를 싫어하면 굶어 죽는다는 뜻으로, 몹시 게
으른 사람을 비꼬는 지명속담이 있었는데, 바로 '압록강이 팥죽이라
도 굶어 죽겠다.'였다.

의주(義州)

> - 의주 육섬 강넁이 가렴 보고 큰다.
> - 의주를 가려면서 신날도 안 꼬았다.
> - 의주 파천에도 곱 똥은 누고 간다.
> - 의주 파발도 똥 눌 새는 있다.

의주는 중국과의 국경을 이루는 압록강 하류 연안에 있다. 역사적으로 의주를 통한 중국과의 교류가 많았고 빈번했다. 중국에서 들어오는 문물이 맨 처음 닿는 관문이었다. 이런 점에서 의주라는 장소는 매우 중요했다.

조선 후기 신경준의 『도로고』(1740)에서 구분한 6대 간선로 체계의 모든 출발점은 한양이다. 제1로는 한양, 홍제원, 고양, 파주, 장단, 개성, 평산, 서흥, 봉산, 황주, 평양, 안주, 가산, 정주, 철산, 의주에 이르는 길이다. 제1로는 의주대로라고 하는데, 의주가 이 도로의 종점이기 때문이다. 의주대로는 서북 지역을 지난다고 하여 '서북로', 관서 지역을 향한다고 하여 '관서로'라 불렸고, 사신들이 의주를 거쳐 중국을 오갔던 관계로 '사행로(使行路)', '연행로(燕行路)'로 불리기도 했다. 청

『대동여지도』 속 의주

나라의 수도 연경(燕京)**49**까지는 삼천리길, 왕복 5~6개월이 걸리는 긴 여정이었다.

전국의 간선도로 가운데 의주대로가 가장 큰 비중을 차지하는 도로라고 인식하고 도로를 정비했던 이유는 바로 조선왕조의 외교사절이 오간 도로였기 때문이다. 의주대로는 조선 지식인들이 중국을 통해 세계를 경험했던 통로였다. 이 길을 통해 조선의 문화와 학문이 중국에서 꽃 피웠고 서구의 문물이 조선에 유입되었으니, 의주대로는 중국으로 향하는 연행 노정과 일본으로 이어지는 통신사 노정이

---

49. 연경은 중국 '베이징(北京)'의 옛 이름인데, 옛날 연(燕)나라의 도읍이었던 데서 이렇게 부른다.

연계되어 '세계로 나아가는 길이자 동서 문물교류의 통로'였다.

의주와 관련한 첫 번째 지명속담은 '의주 육섬 강냉이 가렴 보고 큰 다.'라는 속담이다. 예전에 의주 육섬(六島)[50]에서는 가렴의 소금 굽는 사람들에게 팔기 위하여 강냉이(옥수수)를 많이 심었다. 여기에서 강 냉이도 자기를 사 갈 곳을 보고 큰다는 뜻을 가진 지명속담이 나왔으 니, 무슨 일이든지 일정한 희망을 걸고 하게 되는 것을 뜻한다.

강냉이가 우리나라에 전래한 시기는 16세기 중국에서 들어온 것 으로 추정되고 있다. 일설에 따르면, 임진왜란이 일어났을 때 선조의 요청에 따라 명나라 이여송이 구원병을 이끌고 조선에 당도했다. 급 하게 대군을 파병하다 보니 여기저기에서 농사를 짓던 사람들도 차 출되었다. 그중에는 양쯔강 남쪽에서 강냉이를 재배하던 사람도 있 어 비상시에 먹기 위해 노란 알갱이를 말려 가져왔는데 그것이 민가 로 퍼져 처음에 '강남이(양쯔강 남쪽에서 온 음식이란 뜻)'로 불렸다가 차차 세월이 흐르면서 '강냉이'가 되었다고 한다. 이에 근거하여 중국에서 들어오는 조선 관문, 의주가 강냉이 확산의 기원지가 되었을 것으로 추정한다.

의주에 관한 두 번째 지명속담으로 넘어가 보자. 중국에서 들어오

---

50. 순조 11년 2월 15일 의주 부윤 조흥진의 상소 중 "위화도는 육도(六島)의 하류와 삼강(三 江)의 경계 안에 있는 한 섬인데, 한갓 아득한 갈대밭으로 반나절 동안 사냥하는 장소가 되고 있을 뿐입니다."에서 근거해, 육섬이란 위화도를 제외한 압록강 하류의 6개의 강섬으로 볼 수 있다.

는 조선의 관문, 의주는 조선의 수도 한양에서 보면 변경 지역에 해당한다. 비록 도로가 잘 정비된 고을이긴 하지만 한양에서 멀리 떨어져 있는 고을임은 확실하다. 의주까지는 장거리 여행을 떠나는 격인데, 신발 채비는 무엇보다 중요했으리라. 따라서 '의주를 가려면서 신날도 안 꼬았다.'라고 하는 것은 큰일을 하려고 하면서도 조금도 준비가 되어 있지 않음을 비유한 것이다.

세 번째로 의주는 임금이 파천(播遷)하기 좋은 장소였다. 임금이 파천할 장소로 의주를 택한 것은 편리한 도로를 이용하여 최대한 멀리 도망갈 수 있는 지역이고, 또 여차하면 이곳을 통해 중국 쪽으로 피신하기가 가장 수월했기 때문이다. 임금이 난을 피해 의주로 피난을 가는 다급한 정황에도 이질(痢疾)이 걸리면 곱 똥은 누고 가지 않을 수 없다는 뜻의 지명속담이 바로 '의주 파천에도 곱 똥은 누고 간다'라는 것이다. '의주 파발도 똥 눌 새는 있다.'라는 속담과 의미가 같다. 아무리 급한 일이 있어도 그보다 먼저 해야 할 일은 먼저 해야 한다는 뜻이다. 다르게 말하면, 심히 분주하고 바쁠지라도 잠시 틈을 낼 수 있다는 의미이다.

영변(寧邊)

영변이 어떤 곳인데 거기를 볼일도 알지 못한 채 휙 하니 다녀오려고 했을까? 이 질문에 대한 대답은 '수돌이 영변 다녀오듯'이라는 지명속담에서 찾을 수 있다. 영변은 무턱대고 다녀올 수 있는 곳이 아니었다. 거기는 철옹성(鐵甕城)이었다. 네 방향이 깎아지른 낭떠러지로, 항아리 입구와 같이 생긴 까닭에 철옹성이란 이름이 붙었다.

수돌은 숫돌의 방언으로서, 칼이나 낫 따위의 연장을 갈아 날을 세우는 데 쓰는 돌을 말한다. 부엌이나 집 안에 두는 것이 일반적이다. 그러므로 집 안에만 주로 머물러 있어서 바깥세상을 잘 모르는 수돌이 그것도 볼일도 모르고서 철옹성을 휙 하니 다녀온다는 것은 누가 보아도 웃을 일 아니었겠는가.

영변 읍성은 고구려 때 처음 쌓은 이래 조선 시대까지 서북 지방을 방위하는 데 있어 중요한 거점이었다. 철옹성인 영변 읍성은 고구려 때 처음 쌓은 본성과 약산성, 조선 시대 때 쌓은 신성과 북성 등 4개의 부분 성으로 이루어져 있다. 본성의 둘레는 14km에 성벽의 높이

『영변읍성』(위)과 지형도(아래)

는 6~7m이다. 조선 『태종실록』에는 '약산은 사방이 높고 험하며 바위
들이 깎은 듯이 서 있어 하늘이 만든 성이라고 일컬어지며, 의주와 삭
주, 강계 등 여러 고을 중에서 군사를 모으기에 적당한 곳'으로 기록

되어 있다.

철옹성은 1012년 강감찬 장군이 거란군과 맞서 대승을 거둔 요새
였고, 임진왜란 때는 선조가 피난을 와 3일간 머문 곳이기도 했다. 영
변 읍성은 여러 차례의 외세 침략을 막아 낸 산성으로서 그야말로 철
옹성이었다. 청천강 지류인 구룡강을 굽어보는 영변 읍성은 한강을
내려다보는 남한산성에 비유할 수 있다.

영변은 조선 말기(1897)부터 평안북도 관찰사영의 소재지였고, 1921
년 신의주로 옮겨가기 전까지 평안북도 도청이 자리하고 있었다. 김
소월의 시 '진달래꽃'에 등장하는 '영변 약산의 진달래'로 알려져 있었
으나, 지금은 북한의 대표적인 핵시설이 자리해 국제적으로 주목받
는 곳이 되었다.

강계(江界)

강계(江界)라는 지명은 이 지역의 장자강, 북천, 남천 등 여러 강(江)과 천(川)의 어귀에 자리한다는 의미에서 비롯되었다. 장자강과 이 강의 지류인 북천, 남천을 비롯한 10여 개의 하천이 흐르며 모두 물매가 급한 산악 하천의 특성을 나타내고 있으며, 경치가 뛰어난 높고 험한 산들과 고개들이 솟아 있다.[51]

강계 고을은 고구려의 땅이었으며 뒤에 발해, 여진 등이 이 땅을 차지했다. 1361년 고려 공민왕이 처음으로 진을 설치하고 만호(萬戶)를 두었으며, 뒤에 북계(北界)에 소속되었다. 조선 태조 때 도병마사를 두어 국경지대의 수비를 강화했다. 1403년 강계부, 1412년에는 강계도호부가 되었다. 강계는 초산, 위원, 자성, 후창 등의 국경 지방에서 서해안 지방으로 연결되는 도로가 조선 시대부터 발달하여 군사와 교

---

51 『한국민족문화대백과사전』 '강계시'

통의 요지로 중요시되던 곳이었다.[52]

　　강계 지명속담은 강계의 위치와 관련하여 형성되었다. '강계도 평안도 땅'이라는 속담이 대표적인 사례이다. 강계가 아무리 중국과 국경을 이루는 외진 곳에 있어도 평안도 땅이라는 사실은 분명한 것과 같이, 무엇이 동떨어져 퍽 다른 것처럼 보이지만 사실은 같은 범위 안에 든다는 뜻이며, 또 강계가 아무리 떨어져 있어도 평안도이듯이 겉보기에는 다른 것처럼 보여도 실속은 같은 것이라는 뜻으로 쓰이는 표현이다.

　　일제강점기인 1926년에 창간된 잡지『별건곤』에서는 '첫째, 강계 여자는 대개 얼굴이 달걀같이 갸름하고 솜같이 희고 보드랍다. 둘째, 강계 여자의 특색은 무엇보다도 경성이나 평양의 신 여자처럼 웃저고리가 길고 큽니다. 신문물이 들어오기 이전부터 원래 그런 복장이었다는 겁니다. 셋째, 강계 여자는, 화류계 여자들조차도 무명 저고리를 입는 등 검소했다. 넷째, 겉모습뿐 아니라 속도 매력이 넘쳤다.'라고 강계 여자의 특색을 말하고 있다. '남남북녀'라는 말처럼 평안도 여자, 특히 강계 여자들이 미인이었음을 나타낸 지명속담이 있다. '강계 색시면 다 미인인가.'라는 어구인데, 이것은 강계의 여자는 다 미인이라고 하지만 그렇다고 하여 강계 여자라고 다 미인일 수는 없

---

52. 『한국민족문화대백과사전』 석주

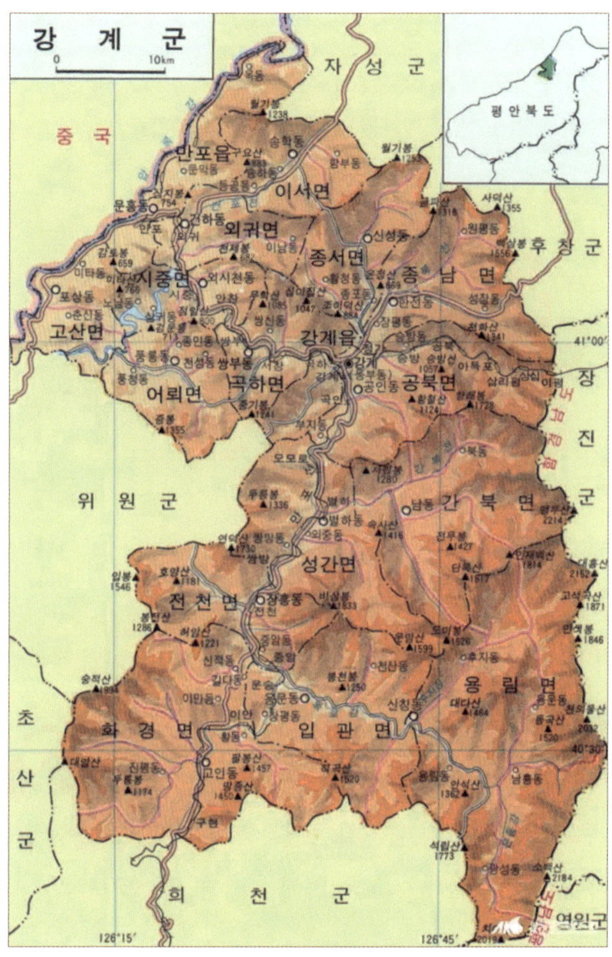

강계(위원, 초산)의 위치

고 미인이 아닌 여자도 있다는 뜻으로, 훌륭한 것 가운데는 좋지 않은 것도 있다는 것을 비유하여 이르는 말이다. '경주 돌이면 다 옥돌인 가'라는 지명속담과 비슷한 의미를 지닌 것이다.

> • 호박 넌출 벋을 적 같아선 강계 위초산 뒤덮을 것 같지.
> • 칡덩굴 뻗을 적 같아서는 강계 위원 초산을 다 덮겠다.

강계와 관련된 다른 지명속담을 보면, '호박 넌출 벋을 적 같아선 강계 위초산 뒤덮을 것 같지.', '호박 덩굴이 벋을 적 같아서야'라는 속 담이 있다. 호박 넌출이 길게 벋어나가듯 세력이 한창 뻗어 나갈 때 같으면 무엇 못 할 것이 있겠느냐고 함이니, 집안이 한창 흥왕한다고 해서 함부로 세도만 부리거나 무슨 나쁜 짓을 할 것은 아니라고 이를 때 쓰는 말이다. 그리고 덩굴이 잘 벋어나가는 칡덩굴을 활용해 '칡덩 굴 뻗을 적 같아서는 강계 위원 초산을 다 덮겠다.'라는 속담도 생겼 다. 한여름 칡덩굴이 뻗을 때는 강계를 벗어나 주변 여러 고을을 다 덮을 것처럼 기세가 대단하다는 뜻으로, 한창 기세가 오를 때에는 굉 장한 것 같지만, 경과는 그다지 시원찮거나 보잘것없는 경우를 비유 하는 말이다.

함경도의 지명속담

5

함흥(咸興)

> • 함흥차사

'함흥차사(咸興差使)'라는 말은 한 번 가기만 하면 깜깜무소식이라는 뜻으로, 심부름꾼이 가서 소식이 전혀 없거나 회답이 더디 올 때 쓰는 말인데,[53] 함흥에서 일어난 역사적 사건에서 유래한 것이다. 함흥은 조선의 태조 이성계가 왕이 되기 전에 살던 곳이고,[54] 왕위를 물려주고 돌아간 곳도 함흥이었다. 태조가 왕위를 물려주고 함흥에 있을 때 태종의 명에 따라 한양에서 태조를 모시러 간 차사(파견관리)들이 태조에게 베임을 당하거나 잡혀 있어서 돌아오지 못했다고 하는 야사(野史)가 세상에 알려지면서 생겨난 지명속담이 '함흥차사'이다.

19세기 후반에 널리 읽혔던 지리서 『택리지』에는 함흥차사와 관련한 역사가 다음과 같이 쓰여 있다.

태조 정축년(1397)에 신덕왕후 강씨가 승하하자 태종은 하륜을 기용하여 군사를 일으켜 정도전의 난을 평정했다. 세자 방석은

---

53. 이철수, 1998
54. 이중환 저(김흥식 역), 2006

세자의 지위를 내놓았으나 형 방번과 함께 목숨을 보전하지 못했다. 이에 태조가 크게 노하여 정종에게 왕위를 물려준 뒤 가까운 신하를 거느리고 함흥으로 갔다. 그 후 오래지 않아 정종은 다시 태종에게 왕위를 물려주었다. 태종은 태조에게 사신을 보내돌아오시기를 청했으나, 태조는 사신이 오는 대로 모조리 베어죽였다.[55]

그러나 이 기록에 대해 신병주는 "이중환은 함흥이라는 지역에 빠질 수 없는 이야기인 함흥차사의 이야기를 비교적 자세하게 언급하였지만, 당시에 유포되던 모든 견해를 다 기록한 것이 아니라 자신이 알고 있는 내용을 뽑아서 기록했다."[56]라고 했다.

원래, 함흥차사는 태종 이방원이 태조의 환궁을 권유하려고 함흥으로 보낸 차사였다. 그러나 차사가 돌아오지 않는다는 말이 세간에 퍼지면서, 한 번 간 사람이 돌아오지 않거나 소식이 없다는 뜻으로 바뀌었다. 이는 태종 이방원이 저지른 일(왕자의 난)과 그것을 오랫동안 용서하지 않았던 태조 이성계를 바라보던 백성들이 만들어낸 이야기일 뿐 사실과는 다르다고 평가하는 의견도 있다.

55. 이중환 저(김흥식 역), 2006
56. 신병주, 2014

삼수갑산(三水甲山)

삼수갑산은 서울에서 멀리 떨어져 있으며, 중국과 국경을 이루고 있을 뿐 아니라 해발고도 800~1,300m에 이르는 험준한 고원 지역으로, 외부인의 접근이 매우 어려운 산간벽지의 대명사로 불리는 지방이다. 삼수갑산이란 지역의 특성이 비슷한 두 고을, 즉 삼수와 갑산을 합쳐서 부르는 이름이다. 주민들은 겨울이 길고 몹시 추우며, 4월에도 눈이 그치지 않고 7월에도 서리가 내리는 기후 때문에 논농사를 짓지 못했다. 오직 산전(山田)에 화전을 일궈 귀리, 조, 수수 등 밭작물을 재배하고 짐승 가죽을 얻으며 목재를 생산하는 정도의 산업이 가능하여, 인간의 거주 환경이 매우 불량한 곳이다. 그래서 조금만 흉년이 들어도 주민 대부분은 정처 없이 떠돌아다니는 경우가 많았다.[57]

---

57. 정우봉, 2018

또한, 옛날부터 교통이 불편했던 개마고원의 중심부로서 오지 중 오지라고 하는 지리적 성격을 지녔던 삼수갑산은 바다에서 멀리 떨어져 있어서 이 지방 특유의 풍토병이 있었던 곳이다. 그러니 삼수갑산을 가기란 매우 어려운 일이었다.[58] 이런 곳을 조선에서는 귀양지로 삼았었다.

다음 지도는 함경도에서 올린 읍지(邑誌)를 모아 편찬한『북관읍지』제3책에 수록된 갑산부 지도이다. 이를 보면 갑산부가 첩첩산중에 자리한 오지임을 알 수 있다.

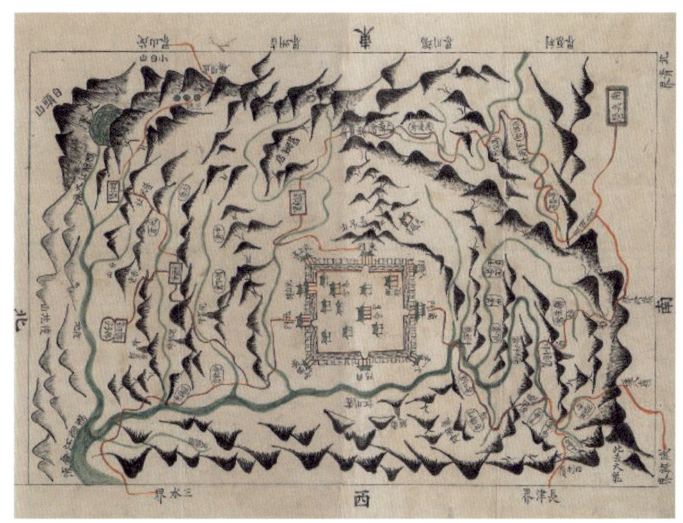

갑산부 지도

---

58. 이철수, 1998

　그리고 김억의 시, 「삼수갑산(三水甲山)」에서도 이것을 더욱 실감할 수 있다.

　　삼수갑산(三水甲山) 가고지고

　　삼수갑산(三水甲山) 어디 메냐

　　아하 산 첩첩에 흰 구름만 쌓이고 쌓였네.

　　삼수갑산(三水甲山) 보고지고

　　삼수갑산(三水甲山) 아득코나

　　아하 촉도난(蜀道難)59이 이보다야 더할 소냐.

　　삼수갑산(三水甲山) 어디 메냐

　　삼수갑산(三水甲山) 내 못가네

　　아하 새더라면 날아날아 가련 만도.

　　삼수갑산(三水甲山) 가고지고

　　삼수갑산(三水甲山) 보고지고

　　아하 원수로다 외론 꿈만 오락가락.

---

59. 촉도난은 이백의 시에 나오는 '촉으로 가는 길 어렵기도 하구나'라는 시구이다.

이렇듯 삼수갑산을 담고 있는 지명속담들은 같은 뜻을 가진 주제를 조금씩 다르게 표현한 것들이다. '삼수갑산에 가는 한이 있어도', '나중에야 삼수갑산을 갈지라도', '삼수갑산에 가서 산전을 일궈 먹더라도' 등의 속담들인데, 자신에게 닥쳐올 위험을 무릅쓰고라도 어떤 일을 단행할 때 쓰는 말이다. 최악의 상황에 빠지더라도 자기의 계획을 포기하지 않겠다는 의연한 결의를 담고 있다.

백두산(白頭山)과 동해(東海)

국립해양조사원에 의하면, 백두산은 우리나라에서 가장 높은 산 (2,750m)이고 동해는 수심이 가장 깊은 바다이다. 애국가에서 '동해 물 과 백두산이 마르고 닳도록…'이라고 표현하고 있는 것처럼, 백두산 (白頭山)과 동해수(東海水)는 영원히 다함이 없는 것을 상징한다. 백두 산이란 지명은 산봉우리가 흰색임을 나타내는데, 이것은 일 년 내내 봉우리가 눈으로 덮여 있을 뿐 아니라 백색의 부석(浮石)으로 되어 있 기 때문이다. 백두산은 산세가 장엄하고 자원이 풍부하여 일찍이 한 민족의 발상지로, 또 개국의 터전으로 숭배했던 민족의 영산이다. 민 족의 역사와 더불어 수난을 같이한 흔적이 곳곳에 남아 있고, 천지(天 池)를 비롯한 절경이 많은 데다가 독특한 생태적 환경과 풍부한 삼림 자원이 있어 세계적인 관광 명소로 주목을 받고 있다.[60]

백두산은 장대한 조망과 튼튼한 국경 방어의 형세를 지니고 있어

---

60. 『한국민족문화대백과사전』 '백두산'

백두산

팔도의 산지 중 으뜸이다.

한편, 동해의 평균수심은 1,684m이고, 가장 깊은 곳은 북동쪽 오구시리 섬 부근으로 3,762m에 이른다. 동해는 서해나 남해보다 넓고 깊어서 많은 바닷물을 저장하고 있다. 게다가 한류와 난류가 만나는 조경 수역이 형성되어 어족 자원이 풍부하다. 독도와 함께 지켜져야 할 소중한 우리 바다이다.

백두산과 동해를 비교하여 생겨난 지명속담이 있다. '백두산이 무너지나 동해수가 메어지나.'라는 속담으로서, 서로 싸울 때 끝까지 겨루어 보자고 벼르며 이르는 말이다. 양쪽의 힘과 기세가 서로 비슷함을 나타낼 때 쓸 수 있는 어구이다. '백두산이 무너질 리 없고 동해수가 메어질 리 없다.'라는 뜻이니 누가 이길지 알 수 없는 상황을 말한다.

이 지명속담은 우리나라의 대표적인 산수(山水)를 들어 결연한 의지를 나타내었다. 그러나 이는 실현 불가능한 사실을 들어 강조한 것으로 특수한 수사법을 쓴 것이다.[61] 이러한 수사의 예는 속담으로 많이 굳어져 있다. 김동인의 소설 '운현궁의 봄'에 보면, 이것의 용례가 보인다.[62]

입맛이 쓴 듯이 몇 번 혀를 찰 뿐이었다. 그런 뒤 남에게는 들리지 않을 작은 소리로, '백두산이 무너지나, 동해수가 메어지나' 중얼거렸다.

---

61. '동양문고본'의 춘향전에 다음과 같은 수사법의 사례를 볼 수 있다. "도련님 이제 가면 언제 오려 하오? 태산중악 만장봉이 모진 광풍에 쓰러지거든 오려 하오? 십리사장 세 모래가 정 맞거든 오려 하오? 금강산 상상봉에 물 밀어 배 띄어 평지 되거든 오려 하오? 기암절벽 천층석이 눈비 맞아 썩어지거든 오려 하오?…" 박갑수, 2015
62. 박갑수, 2015

두만강(豆滿江)

두만강은 백두산 동쪽 기슭에서 발원하는 홍토산수를 원류로 하여 석을수, 홍단수, 서두수, 홍기하, 해란강, 가야하, 홍춘하 등의 지류와 합쳐져 동해로 흘러드는 547km(서두수를 발원지로 볼 때는 610km)의 강이다.[63] 두만강은 두만, 도문 외에도 통문, 토문 등 여러 이름으로 불리어 왔었는데, 이것은 만주어의 음역에서 비롯된 것이다. '두만(豆滿)'의 원래 뜻은 만주어로 '만(萬)'을 뜻하는 '투먼'에서 유래되었다.[64]

두만강 지명속담에는 '밤은 두만강보다 길다'라는 것이 있다. 밤을 지새우기가 몹시 지루하고 어려울 때, 또는 몹시 긴 겨울밤임을 표현하고자 할 때 비유하여 일컫는 말이다. 사실, 두만강 유역은 우리나라에서 겨울밤이 가장 긴 곳이다. 우리나라에서 가장 북쪽에 있고, 또 겨울철에 찬 공기인 시베리아 고기압의 영향을 강하게 받아 나타

---

63. 위키백과 '두만강'
64. 동아일보(1934.8.18.) 여름의 산해승화(山海勝畫) 관북행 <6> – 관북명물·소·처녀 : '대저 두만(豆滿)이란 여진(女眞) 말로 만(萬)이라는 뜻인데 두만강(豆滿江)에는 만(萬)이나 되는 지류(支流)가 모여서 흐른다…'

두만강 상류

나는 혹독한 추위가 겨울밤을 더 길게만 느껴지게 하기 때문이다. 이
불 속에서, 방 안에서, 집 안에서 나오기 힘든 밤이란 상상하기 힘들
정도로 밤이 길게 느껴지지 않았겠는가.

그리고 얼마나 추웠던지 두만강은 강물이 얼어붙은 결빙 기간도
꽤 길었다. 1920년대 두만강에서 결빙은 보통 11월 말에서 12월에 시
작해[65] 이듬해 4월 초순쯤에 해빙되었다. 1740년 기록에 의하면, 두

---

65. 1920년대 두만강 결빙에 관한 동아일보 기사 제목은 다음과 같다.
① 두만강 결빙, 두 주일이나 일너(1921.11.04.)
② 두만강 결빙, 작년보다 십일이 일너 – '총독부 정무국에 도착한 면보에 의하면 함경북도 일
  대는 이달 중순경부터 긔온이 내려가 국경 일대는 령하 십오도 내외로 내려가 두만강 하류
  방면은 결빙이 되야…'(1926.11.26.)
③ 두만강 결빙(1927.12.28.)

만강 주변 땅은 '해마다 일찍 내리는 서리로 매번 흉년을 만나게 되니 결코 살만한 땅이 아니었다.'라고 한다.[66] 또 '1869년, 1870년 두 해 동안에 관북 지방의 대흉작으로 인하여 두만강을 건너간 이주민이 급격히 늘어났다.'라고도 한다.[67] 주민들은 기근이 들 때마다 두만강을 건너서 간도 지방으로 이주했다. 추위에다 배고픔까지 더해졌던 그때 두만강 주변에 살았던 주민들의 삶을 오늘 우리가 어찌 이해할 수 있으랴.

우리 민족의 식민지 역사도 두만강을 긴 밤의 대명사로 만들었다. 일제의 식민 지배로 굶주리고 핍박받았던 사람들, 독립운동을 지원하려 했던 사람들, 심지어 밀수꾼조차도 두만강을 건넜다. 두만강을 건너려 했던 자들과 건너지 못하도록 막았던 자들은 긴 밤을 두고 숨죽였을 것이다.

---

④ 두만강 결빙 례년보다 일러(1929.12.05.)
66. 정우봉, 2018
67. 『한국민족문화대백과사전』 '두만강'

단천(端川)

단천 지방이 은 광산 지역이라는 역사적 증거를 아래에 제시한다.

양인(良人) 김감불(金甘佛)과 장례원(掌隷院) 종 김검동(金儉同)이, 납(鉛鐵)으로 은(銀)을 불리어 바치며 아뢰기를, "납 한 근으로 은 두 돈을 불릴 수 있는데, 납은 우리나라에서 나는 것이니, 은을 넉넉히 쓸 수 있게 되었습니다. 불리는 법은 무쇠 화로나 냄비 안에 매운 재를 둘러놓고 납을 조각조각 끊어서 그 안에 채운 다음 깨어진 질그릇으로 사방을 덮고, 숯을 위아래로 피워 녹입니다." 하니, 전교하기를, "시험해 보라." 했다.[68]

이와 같은 연은분리법(鉛銀分離法)[69] 시연을 본 연산군은 "이제 은을

---

68. 연산군일기 49권, 연산 9년(1503) 5월 18일 자 계미 3조
69. 훗날 '연은분리법', 또는 '회취법'이라고 명명된 이 방법은 금속의 녹는점을 이용해 은을 추출하는 방식이다. 일단 은광석(은이 포함된 광석)과 납을 섞어 태워 혼합물(함은연)을 만든 뒤, 이것을 다시 가열해 녹는점이 낮은 납은 재에 스며들고 순수한 은만 남기는 기술이다.

넉넉히 쓸 수 있다."라며 흡족해했다. 닷새 뒤에는 조선 최대의 은광이 있는 함경도 단천에서 연은분리법으로 은을 캐도록 지시했다.

역사상 은광석에서 순수한 은을 추출하는 방법은 대단히 고급 기술에 속했다. 이전까지는 은광석을 며칠이고 가열해 남은 재에서 순수한 은을 걸러내는 고대 기술을 그대로 사용했는데, 들인 노동력이나 시간에 비해 은의 생산량은 많지 않았다. 그런 면에서 보면 금속의 녹는점을 활용한 연은분리법은 첨단기술이었다.

16세기 사무역은 주로 은 무역을 중심으로 전개되었다. 중국은 15세기 중반에 지정은제를 시행하여 각종 조세를 은으로 징수했다. 이러한 변화에 따라 국제교역에서 은이 결제 수단이 되어, 각국의 은이 중국으로 모여들었다. 은이 결제 수단이 되면서, 국내에도 은광 개발에 대한 새로운 계기가 마련되었다.

앞에서 언급한 바와 같이, 1503년 김감불과 김검동은 납덩어리에서 은을 분리·제련하는 연은분리술을 발명하게 되었고, 이 기술 덕택에 단천, 강계, 풍천 등지에서 은 광산이 개발되었다. 단천은 보잘것없는 납(鉛) 산지였으나, 연은분리술로 조선 제일의 은광으로 발달할 수 있었다. 중국과 접경을 이루는 의주뿐 아니라 은 산지인 단천 역시 중국과의 무역이 성한 곳이 되었다.[70] 그리고『선조실록』41권(1593

---

70. 국사편찬위원회, 2002,『신편 한국사』 28권에서 가져왔다.

년 8월 3일)에는 '단천에서 생산되는 은은 평소 품질이 좋다고 소문이
났었으니'라고 기록되어 있다. 이로 보아, 단천이 우수한 품질의 은
광산 소재지였음을 알 수 있다.

이 같은 단천의 은 광산은 '단천 놈이 은값 떼듯 한다.'라는 지명속
담을 형성케 한 주요한 요인이었다. 조선 시대에 연은분리법을 통해
최고 품질의 은을 생산하는 광업으로 부를 축적했던 단천은 중국과
의 무역도 왕성했다. 그러므로 상인들이 은값을 제때 내지 않고서는
전국 최고의 단천 은을 확보할 수 없었을 게 분명하다. 이런 상황에
서 단천의 은 상인들은 에누리 없이 과감히 은값을 부르고 떼었을 것
이다. 그래서 곧 '받을 것을 사정없이 재촉하여 받아 낸다.'라는 뜻을
가진 이 속담이 생기게 되었다.

강원도의 지명속담

6

금강산(金剛山)

- 금강산도 식후경
- 금강산 그늘이 관동 팔십 리
- 금강산 상상봉에 물 밀어 배 띄워 평지 되거든
- 밥을 금강산 바라보듯 한다.

금강산의 변화무쌍하고 아름다운 경치는 금강산을 부르는 산 이름이 여러 가지가 있다는 데에서 경치의 정도를 가늠해 볼 수 있다. 금강산을 일컫는 이름은 여럿이 있지만, 우리에게 잘 알려진 이름은 사계절에 따라 부르는 네 가지 이름이다.[71] 즉, 금강산(봄), 봉래산(여름), 풍악산(가을), 개골산(겨울)이 그것이다. 금강산이 가진 이름의 다양성은 금강산이 보는 이의 마음을 홀리는 경관을 지니고 있다는 것을 의미한다.

금강산은 경치뿐만 아니라 불교와도 관계가 깊은 산이다. 금강산

---

71. 봄에는 온 산이 새싹과 꽃에 뒤덮이므로 금강(金剛)이라 하고, 여름에는 봉우리와 계곡에 녹음이 깔리므로 봉래(蓬萊)라 하며, 가을에는 일만 이천 봉이 단풍으로 곱게 물듦으로 풍악(楓嶽)이라 하고, 겨울이 되어 나뭇잎이 지고 나면 암석만이 앙상한 뼈처럼 드러나므로 개골(皆骨)이라 한다. (『한국민족문화대백과사전』 '금강산')

에서 '금강(金剛)'이라는 말은 불교 경전『화엄경』에 '해동에 보살이 사는 금강산이 있다.'라고 적힌 데서 연유했다. 승려들이『화엄경』에 근거하여 부른 이 이름이 금강산을 대표하는 이름이 된 것이다.[72] 불교 전래 이후 줄곧 금강산은 불교의 성지로서 법기보살(法起菩薩)이 거한다고 여겼다. 금강산 봉우리가 일만 이천이라고 말하는 것도, 일만 이천의 보살 권속이 있어 저마다 봉우리 하나씩에 거한다고 여긴 데서 나왔다고 한다. 불교계에서 금강산을 지칭하는 또 다른 이름이 몇 가지 더 있다. 이름하여 열반산, 기달산, 구황산, 중향산 등이다. 불교에서는 금강산을 현세의 극락정토와 같은 산으로 여겼던 것 같다. 한편, 금강산은 지리산, 한라산과 함께 삼신산(三神山)의 하나였으며, 우리나라를 수호하는 오악(五嶽)[73] 중 하나로 동악(東嶽)이라 하고 민족적 영산으로 여겨 높이 우러러보았다.

조선 시대 지리서에 담긴 금강산을『세종실록지리지』'회양도호부'에서 끌어와 인용한다.

'우리나라의 산수가 천하에 이름났는데, 이 산의 천만 봉우리

---

72. 『한국민족문화대백과사전』'금강산'과『대동지지』'회양도호부'에서는 금강산의 이름 유래를 성(城) 이름에서 찾고 있다. '금강고성(金剛古城)은 만폭동 송나암 아래에 있다. 성은 무너졌고 성문터만 남아 있다. 산을 금강이라 이름한 것은 성 이름 때문이다.'
73. 오악이란 우리나라를 수호하는 다섯 산, 즉 백두산(북악), 묘향산(서악), 북한산(중악), 지리산(남악)과 및 금강산(동악)을 말한다.

금강산 삼선암

는 눈처럼 서서, 높고 절묘함이 으뜸이다. 또 불경에 담무갈 보살
이 머무르던 곳이란 말이 있어서, 인간의 정토(淨土)라고도 한다.'

천하 절경의 산수, 인간의 정토가 되는 금강산은 중국 사람들에게
도 큰 인기가 있는 여행 장소였다. 금강산에 반한 중국 사람들은 우
리나라에 태어나 금강산을 직접 보기를 원한다고 했을 정도로 나라
밖에서도 유명했던 산이었다.

또, 『대동지지』 '회양도호부'에서는 금강산을 '바위가 뼈처럼 솟아

있고, 하얀 돌들이 만 길이나 되는 산꼭대기에 뻗어 있으며, 백 길이나 되는 무늬 연못이 일체로 하나의 돌을 이루고 있다.'라고 했다. 그리고 『택리지』에 소개된 금강산은 '일만 이천 봉은 순전히 돌로 이루어진 봉우리요, 돌로 이루어진 골짜기이며, 돌로 이루어진 내요, 돌로 이루어진 폭포다. 봉우리, 멧부리, 골짜기, 샘, 못, 폭포가 모두 흰 돌로 이루어져 있다. 이 산의 이름을 개골산이라고도 하는 까닭은 한 치의 흙도 없기에 이렇게 이름 지은 것이다. 여기에 높이 솟은 봉우리나 깊은 못까지 하나같이 돌로 이루어져 있으니, 이런 곳은 천하에 달리 없을 것이다.'라고 했다.

이제 금강산 지명속담을 찾아가 보자. 우리가 많이 알고 있고 또 금강산 지명속담이라 하면 금방 떠올려지는 것이 있다. 바로 '금강산도 식후경(食後景)'이라는 격언이다. 경치가 수려하기로 유명한 금강산을 구경한다고 할지라도 배가 불러야 맛이 나지 배가 고파서는 아무 일도 할 수 없다는 뜻이다. 어떤 재미있는 일도 배가 불러야 흥이 날 수 있고 배고프면 힘들다는 것이다. 그리고 '금강산 그늘이 관동 팔십리(八十里)'라는 것은 금강산의 아름다움이 관동 팔십 리 곧 강원도 지방에 널리 미친다는 뜻이다. 이것은 훌륭한 사람 밑에서 지내면 그의 덕이 미치고 도움을 받게 된다는 것을 말한다. 두 속담은 모두 금강산의 비경을 지명속담에 담았다.

또, '금강산 상상봉(上上峰)에 물 밀어 배 띄워 평지 되거든'이라는 지명속담은 여러 봉우리 중에 가장 높은 봉우리에 물이 들어올 수 없다는 뜻이니, 이것은 전혀 실현 가능성이 없는 것임을 이를 때에 쓴다. 마지막으로 '밥을 금강산 바라보듯 한다.'라는 지명속담은 금강산 구경에 목말라 있는 것처럼 굶주린 때에 밥을 간절히 바란다는 것을 비유한다.

태백산(太白山)

- 태백산 갈가마귀 게 발 물어 던지듯
- 태백산 백액호가 송풍나월 어루듯

태백산에 걸린 지명속담에는 두 가지, 즉 '태백산 갈가마귀 게 발 물어 던지듯'과 '태백산 백액호가 송풍나월 어루듯'이란 속담이 전해 온다. 먼저, '태백산 갈가마귀 게 발 물어 던지듯'이란 지명속담은 태백산 갈가마귀가 게 발을 물어다가 본인이 하고 싶은 대로 다 해 놓고서는 쓸모없다고 산중 외딴곳에 게를 버리듯이, 이용 가치가 없어졌다고 내버려져 아주 외로운 처지가 된 모양을 비유한다. 같은 뜻의 속담으로는 '까마귀 게 발 던지듯', '지리산 갈가마귀 게 발 물어 던지듯'이라는 속담이 있다.

갈가마귀는 갈까마귀의 방언으로 강원, 경북, 전남, 충청 지방에서 사용하는 새 이름이다. 갈까마귀는 떼까마귀와 같이 까마귀의 한 종류이긴 하다. 하지만 여기서 갈까마귀는 비슷한 속담으로 '까마귀 게 발 던지듯'이라는 속담이 있는 것을 고려하면 세부 종으로서 까마귀라기보다는 그냥 까마귀로 보인다.

갈까마귀

　까마귀 하면 불길한 징조를 연상하지만, 삼족오(三足烏)에서처럼 까마귀는 태양을 상징하는 새로 불길한 징조를 미리 알려주어 그것을 예방하게 해주는 존재이다. 또, 까마귀는 효자를 상징하는 착한 새로 알려져 있다. 반포보은(反哺報恩)에서 유래하며, 까마귀가 늙은 어미를 위하여 먹이를 물어다 은혜를 갚는다고 하여 생긴 말이다. 어원에 의하면 까마귀는 단군뿐만 아니라 우리 민족과 밀접한 관계가 있는 새이다. 이런 사실에 근거해 생각해 보면 까마귀는 태백산과도 관계한다고 볼 수 있다. 하느님께 제사하는 천제(天祭)를 신산(神山)으로 불리는 태백산의 천제단에서 지내고 있기 때문이다.

그리고 '태백산 백액호(白額虎)가 송풍나월(松風蘿月) 어루듯'이란 지명속담은 태백산의 흰 이마를 가진 호랑이가 솔바람과 은은한 달빛에 반하여 어루더듬듯이, 무엇을 몹시 애지중지하며 다루고 만진다는 뜻이다. 송풍나월이란 솔가지 사이로 부는 바람과 댕댕이덩굴 사이로 비치는 달을 말한다. 태백산(1,566m)은 강원도 태백시와 경상북도 봉화군에 걸쳐 있는 태백산맥의 종주(宗主)이자 모산(母山)이다. 태백산 일대는 풍부한 산림자원 중에서도 특히 양질의 소나무가 많았는데, 태백산 서쪽 춘양에서 나는 소나무는 '춘양목'으로 유명하였다.[74]

---

74. 『한국민족문화대백과사전』 '태백산'

정선(旌善)

골지천, 조양강, 동강이 흐르는 정선에는 물레방아와 관련한 '정선 골 물레방아 물레바퀴 돌 듯'이라는 지명속담이 전해온다. 이것은 물레방아(물방아)의 물레바퀴가 빙빙 돌아가듯이, 세상일이란 고정불변한 것이 아니라 잘살던 사람도 못살게 되며 못살던 사람도 잘살게 되어 언제나 변화무쌍하게 돌아간다는 뜻을 가진다.

물레방아에서 방아란 곡식 낟알의 껍질을 벗기거나(탈곡) 가루로 만드는(제분) 행위, 즉 곡식을 쓿거나 빻는 것을 말한다. 방아 도구에는 기본적으로 절구가 있고, 절구를 개량한 디딜방아, 소의 힘을 이용한 연자방아가 있다. 또, 물의 힘을 이용하는 물레방아가 있었는데, 이는 증기기관에 의한 동력이 발명되기 전까지 가장 선진적인 방아였다.

물레방아의 역사는 『고려사』에서 공민왕 11년에 단 한 번 기록되어 어렴풋이 고려 때부터 이용된 것으로 알려져 있다. 방아의 재료도 조선 정조 23년 『일성록』에 '진단(단향목)으로 만들며 재료 구하기가 힘들어 보편화되지 못했다.'라고 기록되어 있을 뿐, 원형의 크기 같은 것은 좀처럼 밝혀내기가 어렵다.[75] 물레방아가 우리나라에 처음으로 제작 설치된 것은 연암 박지원이 청나라 사신으로 다녀온 뒤, 함양 안의 현감으로 있을 때(1792~1796) 함양지방에 설치한 것을 최초로 추정하고 있다. 이춘녕의 조사[76]에 따르면 1986년 전국의 물레방아는 114개소였으며, 이 가운데 56개소가 경상남도에 분포했다.

그럼, 물레방아를 돌리려면 어떤 조건이 필요할까? 물레방아는 디딜방아와 같은 원리지만, 밟는 것을 물의 힘으로 대신 한다. 흐르는 물의 낙차를 이용하여 물레바퀴(水車)를 돌리면 바퀴의 굴대(軸)에 고정된 누름대(발)가 방아채의 다리를 누른다. 이때 방아의 공이가 올라가고 누름대가 더 돌아 다리에서 떨어지면 공이가 아래로 처박히면서 방아를 찧는다.

위에서 떨어지는 물의 무게와 낙차를 이용하여 물레(水車)를 돌리는 상괘식 물레방아가 일반적이었지만, 물이 흐르는 힘을 이용하여 물레를 돌리는 하괘식 물레방아도 있었다. 19세기 말이나 20세기 초의 사진(하괘식 물레방아)의 물레방아는 개울에 봇도랑을 막아 무넘기(堤)를 약간 높인 다음 그곳으로 빠르게 흐르는 물에 물레바퀴의 아랫

---

75. '정선아리랑' 사연 담긴 물레방아는 돌고 돌아. 정선군 화암면 화암리 「물레방아 마을」 중 앙일보, 1981.1.29.
76. 이춘녕·채영암, 1986

부분을 잠기게 했다. 아마도 물의 낙차가 크지 않은 평야 지역에서 사용한 것으로 보인다. 물레가 하나에 방아가 둘인 것은 '쌍방아' 또는 '양방아'라고 부른다.[77]

정선에는 1890년대에 만들어진 물레방아가 보존되어 있다. 물레방아가 있는 정선군 동면 백전리는 작은 개울을 사이에 두고 삼척시 하장면 한소리와 이웃해 있다. 그러나 두 마을은 행정 구역상으로만 구분될 뿐이고 실제로는 한 마을이다. 물레방아에 대한 사용권과 소유권을 가진 '방아계'도 두 마을의 주민들로 구성되어 있다. 주민들은 화전 정리 사업이 시작되기 이전인 70년대 초까지도 주로 화전을 일구며 살았다.

---

77. 박호석 외, 2001

물레방아에서 약 50m 떨어진 보(洑)로부터 수로를 통해 물을 끌어들이고, 이를 이용해 방아를 가동하고 있다. 이곳의 물레방아는 산간마을의 공동체 생활의 일면을 보여주는 중요한 생활 용구로서 산간문화를 대표하는 경관이다. 유명한 정선아리랑의 가사 내용에 물레방아가 소재로 등장하고 있는데, 방아는 그만큼 일상생활과 매우 밀접한 공간이며, 그러한 점에서도 이 고장의 문화를 이해하는 데 중요한 자료가 된다.[78] 골짜기의 물이 마르지 않는 한 쉼 없이 돌아가는 물레방아 내력과 너무나도 닮아있다. 정선아리랑은 물레방아가 있어야 하고 물레방아는 아리랑의 사연으로 인해 생명력을 갖기 때문이다.[79]

<hr>

78. 『한국민족문화대백과사전』 '정선 백전리 물레방아'
79. '정선아리랑' 사연 담긴 물레방아는 돌고 돌아. 정선군 화암면 화암리 「물레방아 마을」 중앙일보, 1981.1.29.

춘천(春川)

춘천 지명이 들어간 속담, '춘천 노목궤(春川欚木櫃)'라고 하는 것은 지역성에 기반한 것이 아니라 설화를 바탕으로 해서 속담이 형성된 '선 설화, 후 속담'의 사례에 해당한다. 이 지명속담은 한 번 얻어들은 지식을 언제까지나 그대로 가지고서 융통성 없이 사물을 그릇되게 판단하는 미련한 사람을 가리켜 이르는 말이다. 다르게는 '춘천 토막공(春川土莫工)'이라고도 한다.

조선 시대 설화를 정리한 홍만종의 『명엽지해』(1678)가 전하는 '춘천 노목궤'에 관한 이야기는 아래와 같다.

한 시골 노인이 좋은 사윗감을 얻기 위해 다음과 같이 했다. 쉰닷 되들이 '노목궤'를 만들고 사람들에게, "이 궤가 무슨 나무로 만들어졌는지, 그리고 곡식이 얼마나 들어가는지 아는 사람을 사위로 삼겠다."라고 말했다. 그래서 많은 사람이 와서 보았지만, 아는 사람이 없었고 점점 세월이 흘러 찾아오는 사람도 없었다. 이 집 딸이 생각해 보니, 이러다가는 시집도 못 가고 늙을 것 같아, 장사를 하는 한 어리석은 총각을 불러, "그 상자는 노목으로 만들어졌으며 곡식이 쉰닷 되가 들어가는데, 부친에게 이렇게 말하면 나와 결혼할 수 있다."라고 일러 주었다. 총각은 노인에게 가서 처녀가 시키는 대로 말하니, 노인은 기뻐하고 곧 딸과 결혼을 시켰다. 이후 어려운 문제가 있으면 모두 사위에게 물었다. 이때 한 사람이 암소를 팔겠다고 하므로, 장인이 사위를 시켜 소를 살펴보라 했다. 사위가 소를 보더니 "이것은 노목궤로 쉰닷 되는 들어가겠다." 하고 말했다. 이 말을 들은 장인은 "소를 보고 나무라고 하니 사위가 망령이 든 것 같다."라고 했다. 이 말을 들은 아내는 남편을 나무라면서, "소의 입술을 열어보고는 나이가 어리다고 말해야 하고, 꼬리를 들어보고는 새끼를 잘 낳겠네."라고 말해야 한다고 일러 주었다. 이튿날 장모가 병이 들어 사위를 들어와 보라 하니, 사위가 들어와서는 장모 입술을 보고 "나이가 어리구먼."이라고 말하고, 이불을 들춰 뒷부분을 보고는 "새끼를 많이 낳겠네."라고 말했다. 사위의 이런 행동을 본 장인과 장모는 화를 내면서, "소를 보고 나무로 알고, 사람을 보고 소로 아니 아마도 미친 것 같다."라고 말하니, 듣는 사람들이 모두 크게 웃었다.

경상도의 지명속담

7

경주(慶州)

경주, 하면 떠오르는 지명속담으로는 '경주 돌이면 다 옥돌인가.'라고 하는 것이다. 이 속담은 경주에서 나는 돌이라고 해서 모두 옥돌은 아니라는 뜻으로, 오늘날에는 두 가지 의미로 쓰이고 있다. 첫 번째는 좋은 일 가운데 궂은일도 섞여 있다는 의미로, 두 번째는 사물을 평가할 때 그것이 나는 곳이나 그 이름만을 가지고서 판단할 수 없다는 말로 사용되고 있다.

옥돌 산지가 경주 지방이라고 알고 있지만, 옥돌의 정확한 산지는 경주 남산(南山)이다. 이런 이유로 '경주 남산 돌이면 모두 옥돌이냐.'라는 속담으로 알려져 있기도 하다. 그런가 하면 이 속담은 경주 지방의 속담이 아닌 북한에서 주로 사용하는 속담이라는 견해도 있다. **80** 국경 지역인 함경도나 평안도 지방으로 발령받은 서라벌(경주) 출신 관리 중에 인물값을 하지 못하는 한두 사람도 있다는 뜻으로 쓰였다는

---

80. 전인식, 2021

경주 남산 옥돌

것이다. 좋은 것 중에, 더러 좋지 않은 것이 존재한다는 의미이다.

『연산군일기』(1504) 54권에 보면, '경주의 옥적(玉笛)을 바치게 하다.' 라는 기록이 있다. 전교하기를, "경주의 옥적을 본도(本道)로 하여 올려보내게 하라." 했다. 이것으로 보아 경주 옥으로 만든 피리가 유명했던 것 같다. 또한, 조선 시대 경주 지방의 지지(地誌)인 『동경지』(작자미상)에 '남산 옥돌'에 관한 기록이 나온다. 경주인들이 남산이라고 부르는 금오산은 조선 말부터 '남산 옥돌'이라는 말로 알려질 정도로 수정 산지로 유명했다. 여기서 남산 옥돌은 수정 옥을 말한다.

조지훈이 작사한 경주고등학교 교가에 '남산에 옥돌이 난다.'라는 구절이 있다. 또, 경주 출신 박목월 시인의 신문 칼럼에도 수정 남산이란 말이 나온다. 한 구절을 옮겨 보면 '퍼렇게 봄빛으로 풀려가는 수정 남산(水晶南山)의 검은 모습이 눈물처럼 눈에 거득히 고여올 것이다.[81] 이처럼 경주가 옥 산지였음은 곳곳에서 알 수 있다.

이러한 경주 옥돌의 쓰임새는 첫째, 장신구를 만드는 데 쓰였다. 신라 시대의 고분 출토품 중에 주판알 모양으로 다듬은 수정 옥 38개를 연결하고 가운데에 수정 옥으로 만든 곡옥을 늘인 목걸이가 있었다.[82] 이처럼 남산 옥돌은 신라 시대부터 장신구를 만드는 보석용 돌로 이용되었다.

둘째, 경주 남석은 안경알 재료가 되었다. 남석 안경이 최고의 안경으로 평가받았던 것은 남석이 다른 지방의 수정보다 강도가 강하고, 또 유리 렌즈보다 온도에 따른 변화가 적어서 여름에는 눈을 시원하게 하고 겨울에는 따뜻하게 해주었기 때문이다. 눈의 피로를 풀어주는 보안경으로서는 최상품이었다. 구한말 이후 이것은 우리나라의 명산물로 널리 알려졌다. 1636~1637년경 경주 부윤을 지낸 민기가 경주 남석 안경을 구했다는 기록이 있으며, 경주 교촌 최부잣집에서도 남석 안경을 만들었다고 한다.[83]

셋째, 사찰에서는 경주 남산의 옥으로 만든 불상을 최고로 여겼다. 그중 김천 직지사 천불전에 있는 천 개의 불상이 유명한데, 조선 효

---

81. 전인식, 2021
82. 『한국민족문화대백과사전』 '옥'
83. 전인식, 2021

종 때 경잠 대사가 경주 남산의 옥돌로 16년간 만들었다고 한다. 해남 대둔사(대흥사) 천불전에도 경주 남산의 옥돌로 만든 불상이 있다. 1817년 석공 열 명이 남산 옥돌로 6년에 걸쳐 만든 불상을 배 세 척에 나누어 싣고 경주에서 해남으로 가다 풍랑을 만나 배 한 척이 일본에 표류했다. 그런 뒤에 사라졌던 불상이 대둔사로 되돌아왔다는 이야기가 전해오고 있다.

1968년 경주가 국립공원으로 지정되면서 경주의 옥 채굴은 막을 내렸다. 남석 안경알 제조 전승도 중단되었다. 오래된 사진을 통해서 당시 옥 채굴과 제조하는 장면들을 간접적으로 엿볼 뿐이다.

교천(敎川)

'교천 부자'란 어느 집안을 가리키는 걸까? 경주 부근의 땅인 교천에 최씨 성을 가진 부자가 살았는데, 이 가문이 부자의 대명사로 통했던 '경주 교천의 최부잣집'이다. 최부잣집이 처음 터를 잡았던 동네는 지금의 경주시 내남면 이조리였다. 내남면은 농토가 넓고 크고 작은 여러 갈래의 내가 흘러서 모여 용수가 풍부한 동네였다. 평탄한 땅이어서 운송과 보관에도 수월했다. 이후 최부잣집은 경주의 교리로 이사했다. 교리는 지금 경주시 교동을 말한다. 경주 향교가 있는 동네라 교촌이라 부르기도 했다. 따라서 속담에서의 교천(敎川)은 교촌(校村)을 다르게 부른 이름이 아닐까.

여기에 최부잣집이 오랫동안 부를 유지할 수 있게 해준 여섯 가지 교훈을 먼저 소개한다.

① 과거를 보되 진사 이상은 하지 마라. ② 재산은 만석 이상 모으지 마라. ③ 과객을 후하게 대접하라. ④ 흉년에는 재산을 늘

리지 마라. ⑤ 시집을 때는 은비녀 이상의 패물을 갖고 오지 말며, 시집오면 3년간 무명옷을 입어라. ⑥ 사방 백 리 안에 굶어 죽는 사람이 없게 하라.

최부잣집은 만석꾼으로서 나라 전체에서 몇 안 되는 거부였다. 평야가 그리 넓지 않았던 경주 지방에서 만석(萬石)의 부를 유지하기는 쉽지 않았었다. 만석이라면 가을에 추수한 벼를 기준으로 정미한 쌀이 1만 가마니가 된다는 말이다. 지주나 양반들은 노비를 통해 직접 경영하였으나, 주로 토지를 소작인에게 빌려주고 가을에 소작료를 거두어들이는 형태로 경영했다.

조선 시대에는 수리 시설이 불완전했으므로 풍년과 흉년을 예측할 수 없었다. 혹 특정 지역에서 작황이 좋아 풍년이 된다 해도 운송이 제대로 이루어지지 않아, 흉년이 든 고을은 큰 고통을 당하는 일이 빈번히 일어났다. 먹는 문제가 해결되지 않아 민란이 자주 일어나고 백성들은 언제나 힘겨워했다. 그러므로 농토를 소유한 양반들은 흉년에 식구들이 굶주리지 않게 하려고 식량 저장과 보관에 많은 힘을 기울였다. 곡식은 많으면 많을수록 좋았다.

하지만 최부잣집은 보관량을 만석으로 제한하고 그 이상 모으는데 욕심부리지 말라고 절제시켰다. 소작인의 생산량이 많을수록, 최부잣집의 토지가 늘어날수록 소작인의 수입이 비례하여 많아지게 되었

경주 최부자댁

다. 그러면서 흉년이 들면 정도에 따라 소작료를 감면해 주기 때문에 소작인들로부터 인심을 크게 얻었다. 이를 고맙게 여긴 소작인들이 좋은 농지 구매에 대한 정보를 제공하기도 하고, 일 잘하는 좋은 소작인을 소개하기도 했다. 또 소작료와 상관없이 참깨, 팥, 담배 등의 특수 농산물을 선물했다.[84]

경주에서 사방 1백 리라고 하면 대개 동으로는 경주 동해안 일대에서 서로는 영천까지, 남으로는 울산과 밀양, 북으로는 포항까지의 지역을 아우른다. 흉년에 굶주리는 사람들을 살리기 위해 죽을 쑤어 나누어 주던 자리를 일러 활인당(活人堂), 또는 활인소(活人所)라고 했다. 활인당은 조선 시대에 경주로 출입하던 길목에 있었으며, 이 일은 최

84. 최해진, 2006

부잣집 노비들이 직접 담당했다.[85]

이 같은 교천 부자를 활용한 지명속담이 있었으니, '교천 부자가 눈 아래로 보인다.'라는 것인데, 이것은 벼락부자가 호기를 부림을 비유하는 말이다.

---

85. 최해진, 2006

밀양(密陽)

밀양에는 '밀양 싸움'이라는 지명속담이 전해온다. 밀양 싸움이란 단판에 결말을 내지 못하고 옥신각신 승강이를 오래 끄는 양상을 말한다. 임진왜란 때 밀양에서 벌어진 싸움이 오래 걸렸다고 해서 이를 지명속담의 유래로 삼는다.

밀양 싸움은 작원관(鵲院關) 전투와 관련하는데, 작원관은 원(院), 관(關), 진(津)의 역할을 모두 담당하던 영남대로의 첫 번째 관문 요새였다. 천태산 산줄기와 낙동강이 만나는 천험(天險)의 요새를 지나는 길목이어서 이곳만 막으면 누구라도 육지로는 통행하기가 불가능했다. 작원관은 신라군이 가야를 치기 위해 나아갔던 주요 도로였고, 임진왜란 때는 조선의 군사 300여 명이 왜적 1만 8,000명을 상대로 결사 항전을 벌인 격전지기도 했다. 밀양 부사 박진은 밀양부 소속 군사 300여 명으로 작원관에 진을 쳤다. 1592년 4월 16일 양산에 진격해 들어온 왜군도 4월 17일 작원관에 당도하여 관문을 치려고 했다. 하지만 작원관의 좁은 목과 험한 요새는 왜군의 공격에 쉽게 함락당

작원관지
왼쪽 천태산 줄기와 앞쪽 낙동강이 만나는 곳의 작원관 터

하지 않았다고 한다.

지명속담 형성의 또 다른 유래는 밀양의 용호놀이에서 찾는다. 이 놀이는 동쪽은 용, 서쪽은 호랑이를 닮은 지역의 지형적 특수성이 반영된 놀이이다. 마을의 풍년과 안녕을 기원하기 위해 벌였으며 줄다리기에서 유래했다고 알려져 있다. 새끼줄을 꼬아 청룡 줄과 백호 줄을 만들고 용과 호랑이가 싸우는 모습을 흉내 내면서 격돌하는데, 상대편 깃발을 먼저 빼앗는 쪽이 이긴다.

여기서 잠깐! 많고 많은 대동놀이 가운데, 왜 용호놀이일까? 풍수지리에 의하면 무안을 둘러싼 동쪽의 진등산(進嶝山)과 서쪽의 질부산(秩夫山)이 청룡과 백호가 마주 보며 대결하는 형상이라고 한다. 그래

서 마을을 좌우로 나누어 한쪽은 호랑이, 다른 한쪽은 용으로 꾸미고
정월 대보름을 맞아 서로 격렬하게 겨루는 용호놀이가 만들어지게
되었다.

부산(釜山)

　부산은 근대에 들어와 크게 성장한 항구도시이다. 그래서 부산에서는 바다를 터전 삼은 사람들의 삶과 연관성이 있어 보이는 거세고 직설적인 표현의 지명속담이 등장한다. '부산 가시나 같다.'라는 지명속담이 그것이다. 억세고 체격이 딱 벌어진 여자를 비유로 일컫는 말이다.

　'부산 가시나'는 어디서 온 말일까? '가시나'는 경상도 사투리는 아니고, 부산에서 여성을 낮추어 부르는 고상하지 않은 표현이다. 그럼 '가시나'는 어디서 온 것인가? 두 가지 설이 있다. 하나는 신라의 화랑제도에서 온 것으로, '가시'는 본래 '꽃'의 옛말이다. '나'는 무리로 신라시대에는 화랑들을 '가시나'라고 불렀다고 한다. 이것은 화랑의 이두식 표현으로 '꽃들'이란 뜻이다. 처음에 화랑은 남자가 아닌 처녀들로 구성되었다. 그래서 처녀 아이를 '가시나'라고 부르게 되었다. 가시는 15세기까지 '아내'로 사용되었다고 한다.

　다른 하나는 부부를 가리키는 '가시버시'에서 유래했다고 본다. '가시나'의 옛말은 '가시나희'로 아내를 말한다. 여자는 아내로 태어난 아이가 되며, 이것이 가시나의 어원이 아닌가 생각한다. 둘 중 어느 것이 맞는지 정확하게 알 방법은 없다. 하지만 어느 것이든 '가시나'는 '여성'인 것은 분명하다.

부산에서는 친밀한 관계의 대화에서 여성을 종종 '가시나'라고 부른다. 하지만 '가시나'는 반드시 상대방을 낮추거나 욕설의 의미로만 사용된 것은 아니다. 친밀한 관계에서는, 좋고 부끄러운 감정을 '가시나'라는 말에 담아 표현하기도 하고, 또래의 여자나 여자아이를 정감 있게 부를 때 '가시나'를 사용하기도 한다. 이 경우 '가시나'는 본래 의미보다는 친밀감을 드러내는 장치로 사용한다고 볼 수 있다. 이렇게 겉으로는 비속한 표현처럼 보여 무례하고 거칠어 보이는 부산말이지만, 그 거친 형식의 이면에는 친밀감의 표현이라는 숨은 의미가 자리하고 있다.

낙동강(洛東江)

- 낙동강 오리알
- 낙동강 오리알 떨어지듯 한다.
- 낙동강 잉어가 뛰니까 부엌에 있는 부지깽이도 뛴다.

우리는 외톨이나 낙오자를 일컫는 말로, '낙동강 오리알'이라는 표현을 자주 사용하고 있다. 가령, "그는 잘난 체를 너무 하더니, 요즘

낙동강 오리알

완전히 낙동강 오리알 신세 됐어."라고 말하는 것처럼. 이처럼 낙동강 하면 '낙동강 오리알'이라는 지명속담이 가장 먼저 떠오를 것이다. 낙동강 오리알 신세라고도 하는데, 무리에서 떨어져 나와 여지없이 처량하게 된 처지를 말한다. 그리고 남의 것을 떼어먹고 가뭇없이 없어졌다는 말에 어울리는 지명속담에도 낙동강 오리알이 등장한다. 그 속담은 '낙동강 오리알 떨어지듯 한다.'라고 하는 것이다.

두 지명속담에 등장하는 '낙동강 오리알'이라는 관용어구의 유래에 대해서는 여러 가지 설이 있다. 닭장에 들어와 알을 낳는 닭과는 달리, 오리는 강가 모래밭이나 갈대숲 등 아무 곳에서나 알을 낳기 때문에 어미 오리가 떠나면 그 오리알은 말 그대로 외톨이가 되는 것이다. 아시다시피 낙동강 주변 습지와 삼각주 일대는 오리를 비롯한 철새들의 도래지로 유명하다. 철새로 날아온 오리가 낙동강 주변 습지나 하구에 있는 삼각주에 알을 낳았으나 부화하지 못하고 이곳을 떠나가면 오리알은 그대로 남게 된다. 그리하여 '낙동강 오리알'이라는 표현이 나왔다는 것이다.

그렇지만, '오리알'을 낙동강 일대로 이동한 '아리안'이나 '아리아인들이 세운 작은 나라'로 보면, 속담 유래에 대한 해석이 달라질 수 있다. 진한의 12국과 변한의 12국을 포함하여 낙동강 유역에 있었던 가야라는 소국가군(小國家群)의 부족 중에는, 고조선과 황하 유역에서 이주한 아리아인들이 주축인 부족들이 많았다. 그러나 이들은 결국 통일 국가를 이룩하지 못하고 하나하나 신라에 병합되고 마는 신세가 되었다. 그래서 '낙동강 오리알 떨어지듯 했다.', '낙동강 오리알 신세가 되었다.'라는 속담이 생긴 것이다. 비옥한 낙동강 유역을 차지하고도 통일을 이룩하지 못하고 신라에 맥없이 떨어진 아리아인의 소국들에 관한 이야기를 역사적 교훈으로 남기게 된 것이다.

낙동강에 얽힌 세 번째 지명속담은 '낙동강 잉어가 뛰니까 부엌에 있는 부지깽이도 뛴다.'라는 것이다. 이것은 자기는 하지 않아야 할 처지인데도 남들이 하는 것을 보고 덩달아 함부로 흉내를 내어 웃음거리가 되는 것을 비웃는 말이다. 낙동강 하구에서는 귀한 대접을 받는 민물고기 잉어가 많이 잡혔다. 고을에 따라 잉어에 관한 여러 가지 전설과 설화가 전해오는데, 그중의 하나는 잉어의 도움을 받아 어려움을 이겨 냈다고 하여 잉어 먹는 것을 금한 집안도 있었다고 한다. 하구에서 잉어가 많이 잡히는 때는 상류에서 폭우가 내려 큰물과 함께 잉어가 떠내려오는 여름철이었다. 큰물에 떠내려온 잉어는 낙동강 하구에 모여들었다가, 홍수가 그치면 바닷물을 피해 낙동강 상류를 향해 거슬러 올라갔다. 마치 뛰는 것처럼. 잉어는 맥도에서 덕두를 거쳐 구포, 대동을 지나 매리로 이동하고 삼랑진을 지나 계속 거슬러 올라갔다. 잉어가 거슬러 올라갈 때면 하천 포구의 어부들은 기다렸던 잉어 철을 맞는다. 잉어잡이는 강물을 거슬러 올라가는 잉어의 생태에 맞추어 하류에서 상류로 거슬러 올라가며 행해졌다.

잉어를 잡는 방법은 투망이나 그물, 그리고 주낙까지 다양했다. 미끼는 쌀이나 보리의 겨로 만든 딩기를 가지고 만든 떡밥을 조금씩 떼어 내서 낚시에 매달았다. 이렇게 잡은 잉어들은 도시로 팔려나갔는데, 여름철 더위로 땀을 많이 흘려 기력이 떨어진 사람들에게 잉어를 푹 고아서 국물을 마시게 했다. 잉어는 주로 고아서 먹거나 찜을 해서 보양식으로 먹었다.

삼천포(三千浦)

삼천포 지명이 들어간 속담으로는 많은 사람에게 잘 알려진 대중적인 지명속담이 하나 있다. '잘 가다가 삼천포로 빠진다.'라는 속담인데, 이것은 이야기가 곁길로 새 나가거나 어떤 일을 진행해 나가다가 엉뚱한 방향으로 이끌려 가는 것을 이르는 말이다. 여기서 '잘 간다.'라는 것은 '어떤 일의 진행이나 상태가 제대로 된 방향이나 목적지를 향해 가는 거구나.'하고 쉽게 이해되게 하는 표현이다.

그런데 왜 하필 '삼천포로 빠진다.'가 곁길이나 엉뚱한 방향을 나타내는 말이 되었을까? 그것은 주인공이 가고자 한 방향이 삼천포가 아니었으나 이유야 어찌 되었든지 삼천포로 빠지게 되었다는 것에서 그 유래가 전해오기 때문이다. 지명속담의 유래는 크게 세 가지로 압축된다.

첫째, 조선 말기 경상남도 고성에 살던 사람이 진주의 사돈댁을 찾아가다가 갈림길인 고성 상리에서 길을 잘못 들어 삼천포로 가 버렸다고 하는 이야기에 근거한 도로 유래설이 있다.

경전선과 진삼선의 분기점

둘째, 1965년 12월에 진삼선(진주개양역 - 삼천포역)이 개통된 이후 부산-진주행 열차 3량 가운데 1량은 삼천포가 종착역이었다. 그런데 진주에 갈 손님이 잘못 알고 삼천포로 가는 열차를 타고 가다가 잠에서 깨어나 보니 삼천포까지 가버렸다고 한다. 이 이야기는 지명속담의 철도 유래설이다.

셋째, 예전에 장사꾼들이 부산에서 진주로 장사하러 가다가 길을 잘못 들어 삼천포로 빠지는 경우가 종종 있었던 것에서 유래했다는 설도 있다.

섭천(涉川)

'섭천 쇠가 웃굿다.'는 경상남도 진주 지방의 지명속담으로 표준어로 옮겨 쓰면, '섭천 소(牛)가 웃겠다.' 또는 '섭천 소가 웃을 일'이라는 말이다. 이는 황당하거나 정상적인 상황이 아닌 경우를 표현하고자 할 때 사용하는 속담이다.

'섭천(涉川)'은 진주시 망경동에 있는 월경사로 올라가는 골을 말하는데, 옛날에는 백정들의 집단 거주지였다. 섭천 골에는 소 도살장이 있었다. 이곳에 끌려오는 소들은 죽게 될 것을 직감하고 눈물을 흘렸다고 한다. 그런데 도살장이 있는 섭천 골에 끌려온 소가 웃는 장면을 연상해 보면 매우 황당한 일이 아니겠는가. 섭천에 끌려간 소가 울어도 시원찮은 판에 웃고 있는 상황이 이상하지 않은가. 지명속담은 이런 상황을 표현하고자 했다.

섭천은 남강(南江)의 앞쪽(남쪽)에 위치하여 내 앞 또는 천전(川前)이라고 하였고, 현재도 천전이라는 지명으로 남아 있다. 1990년부터는 행정 구역상 진주시 망경동에 속해 있는 지역이다. 망경동의 망진산

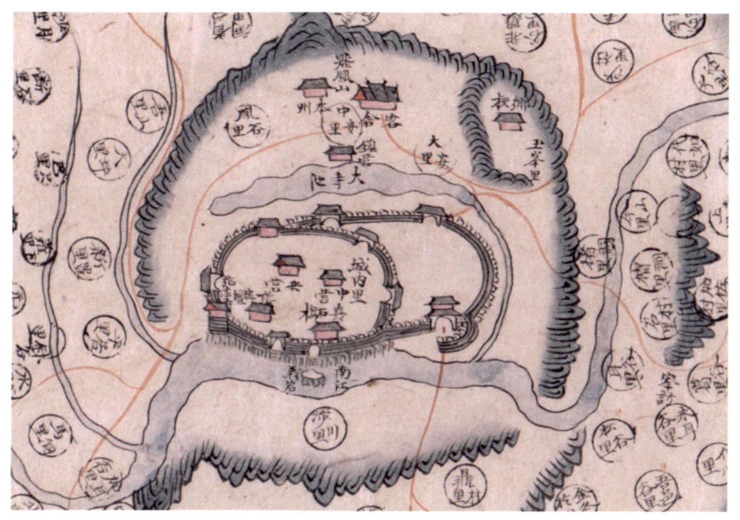

『해동지도』 속 진주성에서 남강 건너 섭천

동편 산자락에 입지하고 있는 섭천은 천전 지역에서 가장 일찍이 주거지가 들어섰다. 망진산 북쪽 대나무숲을 거쳐 남강을 건너서 진주성으로 드나드는 길목이었다. 이에 강을 건넌다는 의미의 섭천이란 이름이 이곳에 붙여졌다고 한다. (지도 참조)

백정들이 모여 사는 촌락은 보통 성 바깥에 형성된다. 남강을 사이에 두고 진주성을 바라보는 섭천은 성 밖이었고, 이곳의 도살장을 중심으로 백정들이 집단 거주지를 형성했다. 백정은 원래 일반 백성을 지칭하는 말이었으나 조선 시대에 이르러 호적에서 제외된 최하층 천민 계급을 가리키는 말이 되었다. 이들 중에는 가축류의 도살과 가

죽 만드는 일을 주업으로 삼은 사람들이 많았다.

　이들은 1894년 갑오개혁을 계기로 제도상으로는 신분적 평등권을 얻었으나 실제로는 어디를 가서도 사람대접을 받지 못했다. 일반 사람들의 거주지에서 함께 살지도 못하였고, 통혼이나 교류가 허용되지 않는 사회적 배제가 제도화되어 있었고, 갖가지 억압과 차별을 받으며 살고 있었다.[86] 20세기 초에도 진주에는 백정 집단 촌락이 남아 있었다. 옥봉동 씨앗 고개(사이 고개)와 서장대 아래에 백정들이 집단으로 거주했다.

---

86. 김중섭, 2019

지리산(智異山)

- 지리산 포수
- 지리산 갈가마귀 게 발 물어 던지듯
- 주인 기다리는 개가 지리산만 바라본다.
- 턱 떨어진 개 지리산만 쳐다본다.

지리산(1,915m)은 제주도 한라산을 제외하고는 우리나라 남부 지방에서 해발고도가 가장 높은 산이며, 산세가 험준하고 골이 깊다. 정상 천왕봉은 경상남도 산청과 함양의 경계에 있으나, 산의 범위는 전라남도, 전라북도에 걸쳐 있을 정도로 매우 넓다. 지리산은 넓고 깊은 산이라 포수가 사냥하러 들어가서 돌아오지 못한 경우가 있었는데, 이를 두고 '지리산 포수'라는 지명속담이 만들어진 것이다. 한 번 간 뒤, 다시 돌아오지 않거나 매우 늦게 돌아오는 사람을 비유하는 말이다.

다음은 지리산 갈가마귀에 빗댄「팔자타령」의 옛노래 가락이다.

"올라가네 올라가네 양쪽 끈에 목을 옇고 줄역태산 올라가네

구야구야 가리갈가마귀야 지리산 가리갈가마귀야 너는 무신팔
자 그리좋아 구중 구천 높이며 댕기는데 어이 이내팔자 무슨 팔
자라서 어이 밥만 먹으면 산에만 댕기네! 어이 다리여 어이 다리
여"

갈가마귀는 지리산 높은 데를 훨훨 날아다니는데, 자신은 밥만 먹
으면 산에 오르느라 다리가 아픈 신세를 타령하고 있다. 노랫가락에
의하면, 갈가마귀는 지리산 높은 곳에서도 활동하고 있었던 모양이
다. 여기서 지리산 갈가마귀 속담이 나타났으니, '지리산 갈가마귀 게
발 물어 던지듯'이라는 표현이다. 자기의 잘못으로 아무것도 남은 것
없이 외롭게 혼자 있는 꼴을 비유하여 이르는 말이다.

그리고 지리산은 해발고도가 높아 사방에서 쉽게 바라다보이는 산
이다. 이런 관계로 지리산은 '주인 기다리는 개가 지리산만 바라본
다.'나 '턱 떨어진 개 지리산만 쳐다본다.'라는 지명속담이 형성된 배
경이 되어 주었다. '주인 기다리는 개가 지리산만 바라본다.'라는 말
은 공연히 무엇이 생길까 하여, 하는 일 없이 바라보기만 하는 행동을
조롱하는 말이고, '턱 떨어진 개 지리산만 쳐다본다.'라는 것은 주인
을 잃은 개가 먼 산만 바라보고 주인을 기다린다는 뜻으로, 일이 낭패
되어 맥이 빠져 공연히 이루지 못하게 될 일을 기다리고 있는 것을 비
유한다.

합천 해인사(陜川海印寺)

- 합천 해인사 밥이냐.
- 홍길동이 합천 해인사 털어먹듯

'사찰명이 들어가는 속담이 있을까' 하고 궁금했었는데, 경상남도 합천에 소재한 해인사와 관련한 지명속담이 있었다. '합천 해인사 밥이냐.'와 '홍길동이 합천 해인사 털어먹듯'이라는 속담이 유명했다. 먼저, '합천 해인사 밥이냐.'라는 것은 절밥은 하루 세끼 정해진 시간에 딱 맞춰 준비하는데, 몹시 시장한 터에 주문한 밥이 늦게 나온다며 밥을 어서 가져오라고 재촉할 때 쓰는 말이다. 다시 말해 밥이 제때 나오지 않고 늦게 나오는 것을 비유한다.

해인사는 통일 신라 애장왕 3년(802)에 순응과 이정, 두 대사가 세운 절이다. 여기에 큰 가마솥이 있었다는 설화가 있을 정도이니, 큰 절이었던가 보다. 대한민국의 국보이자 세계기록유산 팔만대장경을 보관하고 있어 법보(法寶)사찰로도 불린다. 또한, 해인사는『고려실록』과『조선왕조실록』의 사본을 보관해 둔 곳이다. 해인사의 '해인(海印)'은『화엄경』의 '해인삼매(海印三昧)'에서 유래했으며, 해인사는 화엄의 철학, 사상을 천명하고자 창건한 도량이다.

　두 번째 해인사 지명속담인 '홍길동이 합천 해인사 털어먹듯'이란 것은 음식을 많이 먹거나 약탈을 크게 한다는 의미이다. 아무것도 남기지 않고 싹싹 쓸어가거나 음식을 조금도 남기지 않고 다 먹는 모양을 빗대어 이르는 말이다. 홍길동은 조선 성종과 연산군 무렵에 실존한 도적 이름이다. 『조선왕조실록』에도 이름이 여러 차례 나오는 것으로 보아 당시에 꽤 유명한 도적이었던 모양이다. 그는 서자(庶子)라는 신분으로 인해 입신양명의 꿈을 이룰 길이 없자 집을 떠난다. 그러다 우연히 산중에서 도적의 소굴을 발견하고, 거기서 그들의 우두머리가 된다. 얼마 후 그들이 합천 해인사의 재물을 탈취하고 싶은데 마땅한 지략이 없다고 하자 홍길동이 해인사를 털 계획을 세운다. 그러고는 해인사에 들러 홍 판서댁 자제라고 자신을 소개한 뒤, 쌀 스무 석을 보내겠다고 했다. 그 후 홍길동이 다시 해인사를 찾아 음식을 대접받는 자리에서 몰래 모래를 입안에 넣고 큰소리로 깨물어 소동을 일으킨다. 그런 다음 음식을 부정하게 만들었다는 트집을 잡아 절 안의 중들을 모두 묶어 놓고는 부하들 수백 명이 달려들어 모든 재물을 빼앗아 온다. 이 사건은 홍길동이 도적이 되어 벌인 최초의 약탈 사건이었다. 그 후 도적 떼를 '활빈당(活貧黨)'이라 이름 짓고 함경도 감영을 터는 등 본격적인 의적 활동을 벌였다.

　홍길동이 해인사처럼 신성하고 고결한 곳을 털었다는 것은 홍길동이라는 인물이 기존 질서를 거스르거나 부조리에 저항하는 상징이므로, 종교적 권위나 타락한 승려 집단에 대한 비판을 이야기로 풀어낸 것은 아닐까.

문경(聞慶)

문경에는 '문경이 충청도가 되었다가 경상도가 되었다가 한다.'라는 지명속담이 전해지고 있다. 이는 일정한 주견이 없이 이랬다저랬다 하는 것을 일컫는 말이다. 문경이 경상도이지 충청도가 될 수 없음에도 충청도가 되었다는 것은 정해진 뚜렷한 의견을 갖고 있지 않다는 것을 의미한다. 언뜻 글자 그대로 해석하면, 문경이 소속된 상위계층의 행정 구역이 충청도였다 경상도였다 하면서 소속이 오간 것으로 여기기 쉽다. 그러나 이 지명속담은 그런 이유로 생긴 것 같지 않다. 왜냐하면, 역사적으로 문경은 경상도에서 충청도로 바뀐 적이 없기 때문이다.

문경의 옛 이름은 문희(聞喜)였는데, 이것은 '경사스러운 소식 또는 기쁜 소식을 처음으로 듣는다.'라는 뜻을 가진 지명이다. 이런 지명을 갖게 된 데에는 문경이 한양에서 경상도로 갈 때 가장 먼저 통과해야 하는 관문이었다는 점이 크게 작용했다.[87] 따라서 문경에서는 한양

---

87. 『영남읍지』(1871)에는 문경의 옛 이름으로 관문(冠文), 고사갈이성(高思曷伊城), 관현(冠縣), 관산(冠山), 문희(聞喜) 등이 열거되어 있다.

서 오는 소식을 가장 먼저 접할 수 있었다. 그리고 문경의 관문 고개, 문경새재는 과거 급제를 바라는 선비들이 좋아했던 고갯길이었으며, 멀리 호남지방에서도 과거를 보러 가던 선비들이 먼 길을 돌아 문경 새재를 넘어갔다고 전해진다. 또한, 문경새재에는 조선 시대에 임금 으로부터 명을 받은 경상감사가 경상도에 새로 부임하게 되면 전임 감사와 신임 감사가 업무를 인계인수하면서 관인을 교환했던 장소인 교귀정(交龜亭)이 있었다.

문경새재

문경새재는 경상북도 문경시와 충청북도 괴산군 사이에 있는 고개로 해발고도는 1,017m이다. 문경새재는 박달나무 고장이다. 하도 높아 새도 못 넘는다고 하여 '조령(鳥嶺)'이라고 불렸던 문경새재는 조선시대, 무수한 선비들이 과거급제의 풍운을 안고 한양으로 오가는 관문이었다. 그 문경새재의 구비를 지켰던 박달나무는 그들의 꿈과 회한을 말없이 들어줬던 선비들의 나무이기도 했다.

박달나무는 한민족의 희로애락이 담긴 나무이다. 쟁기를 만들 때 꼭 필요한 박달나무는 먹고 사는 데 없어서는 안 될 필수품이었다. 다듬이용 방망이가 되어서 한 많은 여인네의 절규를 말없이 들어주기도 했다. 디딜방아의 공이와 함지박 같은 목기류, 도깨비를 쫓아내는 상상의 방망이에서 홍두깨까지 모두 박달나무였다. 그 시절에는 귀한 손님이 오면 박달나무 하나 베어주는 게 큰 선물이었다고 한다. 그리고 '소나무 떡메 같은 사위를 봐선 안 된다.'라는 옛 속담이 있다. 풍채 좋은 겉모습과 달리 재질이 성글고 단단하지 못한 소나무를 허

우대만 멀쩡한 사람으로 비유했다. 소나무에 비유해 박달나무는 천천히 자라지만 옹골차기로 따지면 으뜸이었다.

밭 가는 농부에서부터 장원급제한 선비에 이르기까지, 신분 고하를 막론하고 누구에게나 좋은 친구가 되어 준 박달나무였다. 어디에서나 잘 자라 박달 고개란 지명이 흔할 정도로 친근한 나무였지만 이제는 문경새재에서조차 쉽게 찾아보기 힘들다. 쓰임새가 많아서 너나 할 것 없이 베어갔기 때문이다. 지금도 이 지역 사람들은 누구나 '문경새재 물박달나무 홍두깨 방망이로 다 나간다 아리랑 아리랑 아라리요~'로 시작하는 문경새재 아리랑을 구성지게 뽑는다.

또한, 박달나무는 단순히 일상용품을 만드는 데만 쓰이는 재료가 아닌 사람들의 치성과 기도를 들어주는 신령한 나무이기도 했다. 일각에서는 박달나무를 단군신화에 나오는 신단수(神檀樹)로 추정한다. 환웅이 처음 발을 내디딘 곳이 태백산 꼭대기의 박달나무 밑이었으며, 단군왕검의 '단(檀)'도 박달나무라고 하는 뜻이다. 애초 '박달'이란 이름의 어원부터가 '백달(白達)', '배달(倍達)'에서 유래되어 우리 민족의 정기를 표상하는 것이다.

신단수에서 출발해 어린 꼬마의 얼레빗까지 되어줬던 박달나무. 워낙 익숙한 이름이라 무심코 지나치기 쉬운 나무지만 알고 보면 신령의 세계와 인간의 세계를 이어주는 신비한 나무이다. 게다가 천천히, 알차게 영글어가는 박달나무를 보면 삶의 지혜까지 얻게 되니 이

물박달나무(좌), 홍두깨(우)

보다 더 쓰임새 많은 나무가 어디 있었으랴. 그래서 이 나무는 '문경 새재 박달나무는 홍두깨 방망이로 다 나간다.'라는 지명속담의 소재 가 되었다. 이는 많은 물건이 어떤 용도로든 다 쓰인다는 것을 비유 하여 이르는 말이다.

안동(安東)

안동에는 지방 사투리와 관련한 지명속담이 전해 오고 있다. 그것 인즉, '안동읍장은 삼(三)껑이면 파(罷)한다'라는 속담이다. 안동 말에서 존댓말의 물음꼴 어미는 '~꺼, ~껑'으로 끝나는데, 장꾼들이 만나면 '왔니껑, 장 다 됐니껑, 이제 가니껑'의 '삼껑'으로 인사를 했다는 데서 유래한 것이다. 삼껑을 오늘날 말로 하면, '오셨습니까? 장 다 보셨습니까? 이제 가십니까?'라고 할 수 있다.

『소년』(1909)이라는 잡지에 나오는 이 지명속담에 관한 증거를 아래에 제시한다.[88]

경상북도 안동군읍 근처 이삼십 리 동안에 '-껑'이란 방언이 있으니 서울말노 하면 '심니가'의 의(意)라. 가령 '오섯습니가'라 할 것이면 여긔 사람은 '왓니생'이라 하고 '가심니가'라 할 것이면 '갓

---

88. 『소년』, 제2권 제1호(1909.1.1.)

니생'이라 하오. 그럼으로 이곳 속담에 '안동읍장은 3생이면 파
(罷)한다' 하나니 '왓니생, 장 다 보앗니생, 갓니생'을 두고 말함이
오.

춘양(春陽)

• 억지 춘양

억지로 어떤 일을 하게 하거나 어떤 일을 억지로 이루어 내는 것을 비유로 쓰는 지명속담이 있다. 바로 '억지 춘양'이다. 이 속담의 유래에 관해서는 여러 가지 설이 있다. 먼저, 봉화군 춘양면 일대에 전해 오는 '억지 춘양'이라는 가사를 보자.

왔네 왔네 나 여기 왔네 / 억지 춘양 나 여기 왔네 / 햇밥 고기 배부르게 먹고 / 떠나려니 생각나네 / 햇밥 고기 생각나네 / 울고 왔던 억지 춘양 / 떠나려 하니 생각나네…

옛날에 춘양 고을은 교통 여건이 좋지 않은 상당히 외진 곳이었다. 하도 외진 곳이라 외지에서 시집온 부녀자들이 춘양에 한 번 발을 디디면 다시금 친정에 가 보는 것은 마음뿐이었다. 그래서 가기 힘든 발걸음을 '억지 춘양'이라 표현했다는 것이다. 하지만 그렇게 어려운 여건을 헤집고 막상 춘양에 시집와 살다 보면 미운 정 고운 정이 다들고, 또 춘양이 비교적 경제적으로 여유 있는 고장이어서 이제 춘양을 떠나려니 되레 섭섭하다는 의미를 위의 가사는 담아내고 있다.

지명속담의 유래에 관한 두 번째 설은 예로부터 '백목(百木)의 왕'이라고까지 불리며 춘양을 대표하는 소나무 춘양목이 너무도 유명하여 춘양, 장동, 내성(봉화)의 장날이 되면 상인들이 너도나도 내다 팔려고 가져온 자기 나무가 춘양목이라고 우긴다고 해서 '억지 춘양'이라고 했다 하는 이야기에 근거한 것이다.

끝으로 억지 춘양에 관한 마지막 유래설을 말하려고 하는데, 이는 가장 많이 알려져 있으며 가장 유력한 설이다. 『우리말 어원사전』(김민수)에 따르면, '억지 춘양은 영동선을 개설할 당시 직선으로 뻗어 달리게끔 설계된 노선을 춘양면 소재지를 감싸고 돌아 지나가도록 억지로 끌어들인 데서 나온 말'이라고 되어 있다. 이것에 관한 상세한 이야기는 다음과 같다.

태평양 전쟁이 길어짐에 따라 전쟁물자 확보에 다급해진 일제가 춘양 고을의 풍부한 임산물 및 광산물을 수송하기 위하여 영주-춘양 간 영춘 철도 부설에 착수한 것이 1944년의 일이다. 일제는 '보국대(報國隊)'라는 낯선 이름으로 경북 북부 지방 주민들을 동원하여 철도 부설 공사에 투입했다. 1945년 초에는 전략물자 수송이 다급해짐에 따라 만주에 주둔하고 있던 일제 관동군 1개 대대를 철도 부설과 중석·망간·형석 채광을 목적으로 이 지역에 파견했다. 하지만 영춘 철도는 영주-내성 간이 완공돼 시운전(試運轉)을 개시할 무렵 해방을 맞이하면서 공사가 중단되었다. 설상가상으로 그해 보기 드문 폭우로 시운전도 못하고 선로가 유실되는 비운을 맞았다.

이후 삼척 지방의 탄전 개발에 따른 무연탄 물동량이 급증함에 따라 철도의 필요성을 강하게 느끼게 된 정부는 1949년 영주-철암 간 영암선 부설 공사를 재개했다. 이어 1950년 3월 영주-내성 간 14.1km를 우리 손으로 착공하여 개통했으나 6·25 전쟁으로 다시 중단되는 두 번째 시련을 맞게 되었다. 어려운 가운데서도 1953년부터 산업철도 부설은 다시 계속되어 1954년 2월 1일 내성-거촌 간 5.5km, 1955년 2월 1일에는 거촌-봉성 간 5.5km, 7월 1일에는 봉성-춘양 간 12.1km가 개통됨으로써 철암의 무연탄을 실은 첫 열차가 우리 손으로 부설된 철길을 타고 서울로 운송되는 첫 길이 열리게 되는 역사적인 날이 되었다.

그러나 춘양 고을의 주민들은 철도 부설에 따른 지역 변화를 거부했다. 고을의 원로들도 철도를 놓으려고 기초공사를 시작할 때부터 거세게 반대했다. 이런 거부와 반대는 산을 파헤치면 명산(兩白)의 정기(精氣)를 다 잃는다는 풍수지리설 신봉과 침략야욕에 광분하는 일제가 공사하고 있는 것에 대한 민족적 항의에서 나오는 필연적인 현상이었다. 하지만 이런 거부반응에도 아랑곳하지 않고 철도 공사는 강행되었다.

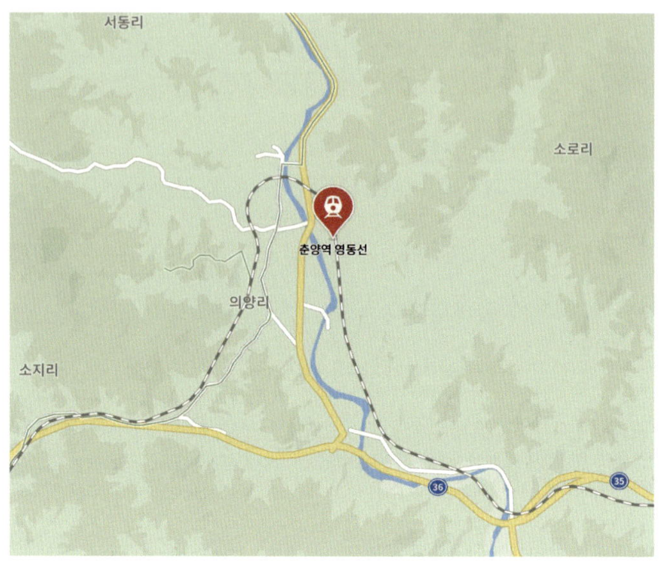

춘양을 감싸고 돌아가는 영동선 철도

공교롭게도 일제의 패전, 6·25 동란 등 여러 가지 요인으로 철도 공사가 여러 차례 중단되는 시련을 겪었지만, 그러면서도 춘양면 소재지를 감싸고 도는 현재의 춘양면 의양4리 운곡에 역사(驛舍)가 들어앉게 되었는데(지도 참조), 이 때문에 '억지 춘양'이라는 말이 생겨났다는 것이다.

전라도의 지명속담

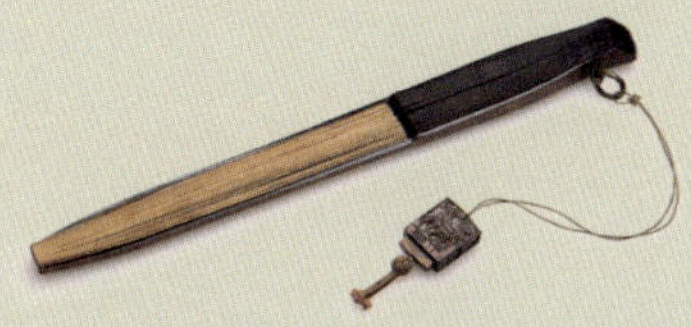

8

제주도(濟州島)

자녀 교육이나 출세 등과 관련하여 세상에 널리 알려진 지명속담이 있으니, 다름 아닌 '말이 나면 제주도로 사람이 나면 서울로 보낸다.'라는 속담이다. 사람들이 모이는 곳이 서울이라면 말들이 모여드는 곳은 제주도인 것이다. 서울에 사람들이 모이는 이유는 '서울' 지명속담에서 풀어놓았으므로 생략하고, 여기서는 제주도와 말에 초점을 둔다. 말을 제주도로 보내는 또는 제주도에서 말을 키우는 이유는 제주도가 말 목축의 성지로서 이곳의 말들에게는 명마(名馬)가 되는 기회가 주어졌기 때문이다. 제주도에는 오래전부터 말 목축업이 발달해 있었다.

이 지명속담은 제주도 바같에 있는 지역에서 유행한 것이다. 다만, 제주도 사람들은 "물은 나민 한락산드레 올리곡(보내곡), 사름은 나민 서월르레 보내라."라고 표현했다. 이것은 말들이 자유롭게 풀을 뜯을

수 있는 한라산 중산간 지대로 보내야 한다는 뜻이었다.[89]

제주도에서는 언제부터 말을 목축하기 시작했을까? 제주에서 출토된 말의 치아와 말 발자국 화석은 청동기 이전부터 이미 말이 존재했다는 사실을 알려준다. 하지만 제주말에 대한 최초의 기록은 『고려사』(1451)에 처음 등장하며, '탐라가 문종 27년(1073)에 명마를 중앙에 바쳤다.'라고 기록하고 있다. 이후 고종 45년(1258)에도 제주말이 나타난다. 이것은 탐라국 제주도에서 고려에 말을 조공으로 바쳤다는 내용이 담긴 것으로 제주도에서 말을 기르고 있었고, 또한 제주말은 고려에서도 인기 있는 산품이었음을 나타내는 증거였다.

원종 14년(1273) 몽골이 탐라에서 대몽항쟁을 펼치던 고려의 삼별초를 몰아내고 이곳을 남송과 일본을 공략하기 위한 군마 공급기지로 삼았다. 이곳의 자연 초지를 알아챈 몽골은 군마를 길러낼 목적으로 충렬왕 2년(1276)에 몽골말(대완마)[90] 160마리를 제주 동부의 수산평(지금의 성산읍 수산리 일대)에 들여와 방목했다.[91]

이듬해 제주의 목마장을 관리하기 위해 수산평과 한경면 고산리에 각각 동, 서 아막(阿幕)을 설치하고 말과 함께 말을 기르는 전문가

---

89. 오창명, 2017
90. '대완마'는 중앙아시아 페르가나(대완국, 지금의 투르크메니스탄) 지방의 명마로서, 하루에 천 리를 달리며 핏빛 같은 땀을 흘린다고 한다.
91. 『신증동국여지승람』(1530)에는 몽골이 '탐라를 방성(房星) 분야로 여겨 목장을 설치했다.'라고 기록되어 있다. '방성'은 말의 수호신으로 부르는 별자리이다. 몽골이 '말의 수호신이 임하는 곳'으로 여길 만큼 탐라는 천연의 말 방목지였다.

[나중에 목호(牧胡)라 불림]들이 제주도에 들어왔다. 1294년 몽골의 일본 정벌 계획이 무산된 후에 몽골은 물자 수탈을 목적으로 목마장의 규모를 키워, 1300년에는 탐라목마장을 몽골의 14개 목장 가운데 하나로 자리 잡게 했다.

조선 시대에 들어 태조 7년(1398)에 4,414필이던 제주말은 세종 11년 ~16년(1429~1434년)에는 1만여 필로 불어났다. 조선 시대에는 한양 조정에 해마다 200필과 진상 마 60필을 바쳤을 뿐 아니라, 제주 목사 등 관리에게도 3년 주기로 말을 바쳤다. 숙종 28년(1702) 제주 목사 이형상의 『탐라순력도』에는 관청이 소유한 말이 9,372필, 소 703필과 인구수 43,515명으로 기록되어 있으며, 또 그의 제주도 지리지 『남환박물』(1704)에 의하면 18세기 초 제주도의 제주목, 대정현, 정의현 등 세 고을의 목장 수는 모두 63곳이고 말은 8천여 필이었다고 한다.[92]

한편으론 제주도의 목축업은 한라산이라는 자연이 주는 선물이다. 한라산 목축지는 대체로 농경지, 촌락, 방목지로 구성된 중산간 지대(200~600m)와 온대림, 냉대림, 고산초원으로 이루어진 산간지대로 이루어져 있다. 한라산 산록부 중산간 지대는 완경사지와 초지대가 넓게 나타나는 곳이다. 여기는 말이나 소에게 피해를 주는 맹수가 없으며, 게다가 겨울이 온난하다. 목축에 양호한 자연적인 입지 조건을

---

92. 오창명, 2017

갖춘 이곳에서 고려말 원나라는 탐라목장(1276~1374)을, 1400년대 초 조선 정부는 국마장(國馬場, 1430~1894)을 설치, 운영했다. 일제강점기 에는 마을 공동목장이 들어서 있었다. 백록담 남벽 아래에도 완경사 의 고산초원이 있어 방목지로 널리 이용되었다.[93]

결국, 제주말 목축은 넓은 완경사지와 초지대와 및 온난한 겨울이 라는 자연환경과 이런 환경을 이용해 고려 말부터 시작한 제주도에 서의 목장 운영이 상호작용하여 생겨나고 지속할 수 있었다. 제주말 목축에 영향을 끼친 자연지리 요인을 자세히 살펴보자.[94]

지형

한라산 중산간 지대에는 완경사지, 오름, 하천 등의 지형이 있다. 완경사지는 방목지로 이용되었고, 완경사지 곳곳에 자리 잡은 오름 들은 거센 바람을 막아주는 방패가 되었다. 오름은 또한 여름철에는 방목지로, 평소에는 말과 소의 방목상태를 관찰하는 '망동산(望-)'으로 활용되었다. 하천들은 건천으로, 특히 광령천, 도순천, 효돈천은 하 폭이 넓고 계곡이 발달해 목장을 구분하는 경계선으로 이용되었다.

한라산 밀림지대를 지나 해발 1,400m 이상으로 올라가면 넓은 고

---

93. 강만익, 2013
94. 강만익, 2013

산 초지대가 전개된다. 제주도민들이 '상산'이라 부르던 장소로, 이곳에서는 백록담, 오름과 하천, 궤(바위굴), 용천수(샘) 등의 지형들이 방목에 활용되었다. '궤'는 백록담에서 흘러내려 식은 용암류의 표면 아래에 형성된 바위굴로, 목동들이 상산 방목지에서 비바람을 만나거나 가축을 찾으러 갔다가 잠을 잘 경우, 피신처로 제공되었다. '궤'들은 상산에 말과 소를 방목한 테우리(목동)들의 만남의 장소요, 잃어버린 가축을 찾기 위해 기원하는 목축 의례가 행해지던 장소인 동시에 상산 방목지에서 수시로 변화하는 날씨 정보를 주고받았던 장소이다.

한라산 고산초원 지대에서 말과 소를 방목하기 위해서는 물이 필요했다. 이곳의 사제비샘, 노루샘, 백록샘, 방애오름샘 등은 이곳을 찾는 목동과 가축에게 물을 제공했다. 여름철에는 빗물이, 봄철에는 눈 녹은 물이 샘물의 공급원이었으며, 증발량이 적은 곳이어서 연중 물을 얻을 수 있었다.

기후

한라산 고산지대는 해안보다 해발고도가 높아 여름 기온이 서늘하고, 일교차가 비교적 크며, 강수량과 구름이 많은 곳이다. 여름철의 서늘한 기온은 흡혈하면서 가축의 성장을 막는 진드기의 번식을 막았다. 잦은 바람은 관목림과 단초(短草)로 이루어진 식물군락을 탄생

시켰다. 지속적인 지형성 강수와 안개는 가축들의 자유로운 이동을 방해하고 생명을 위협하는 존재였다.

한라산 북쪽은 남쪽보다 북서풍의 영향을 많이 받아 초목들이 쉽게 말라 버렸으나, 남쪽은 겨울에도 눈이 내리지 않고 나뭇잎들이 쉽게 떨어지지 않아서 말들이 살찌는 곳이었다. 봄과 여름에는 구름과 안개가 자욱하고, 가을과 겨울에는 맑은 날이 많았으며, 초목과 곤충은 겨울이 지나도 죽지 않았다. 이러한 기후환경에 힘입어 제주도는 고려시대부터 현재까지도 전국에서 목축의 최적지로 부상할 수 있었다.

식생

중산간 지대에는 낙엽활엽수림과 초지대가 공존하고 있다. 이곳의 초지대는 자연 초지와 2차 초지로 구분할 수 있다. 자연 초지는 인간의 간섭을 받지 않고 본래부터 있었던 초지로, 몽골(원)이 1276년 8월에 탐라목장을 설치한 성산읍 수산리의 수산평(首山平) 지역은 자연초지의 사례에 해당한다. 2차 초지는 화전경작과 목축용 불 놓기를 행한 결과로 형성된 것이다.

해발 1,400m 이상의 고산지대에 있는 백록담의 남서사면에는 초지와 관목림(누운향나무, 털진달래 등), 구상나무, 시로미, 돌매화나무, 제주조릿대 등이 확인된다. 특히, 구상나무는 군락을 이루어 방목해 기르는

제주마 방목지

말과 소에게 더위와 비바람을 피할 수 있게 해주었다. 제주조릿대는 뿌리가 토양유실을 막는 역할을 하지만 다양한 고산식물의 정상적인 성장을 방해하고 있다. 조릿대는 한때 우마들의 먹이로 이용되었으나 1970년대부터 한라산 국립공원 내 방목이 전면 금지된 결과, 그 분포가 계속 확산하면서 고산식물인 시로미의 영토가 축소되고 있다.

오늘날에도 한라산 중산간 지대에서는 전국 말의 70%를 목축하고 있다. 키는 작으나 힘센 '제주말'과 세계적인 경주마 '서러브렛', 그리고 둘의 혼혈종 '한라마'가 섞여 있다. 지금은 군사, 이동 및 운송 수단, 농경보다는 경마, 승마 등 레저와 비누, 가죽 등과 같은 제품의 원료로 이용하기 위해서 말 목축을 한다. 1986년 2월 혈통이 확인된 순종 제주마 64필을 천연기념물 제347호로 지정하여 보호하고 있다.

한라산(漢拏山)

화산섬 제주도에서 가장 높은 산은 한라산이며, 그 산봉우리 가운데에는 푹 내려앉아 물을 가두고 있는 화구호 백록담이 있다. 한라산은 그 자체가 제주도라고 해도 과언이 아니다. 여기 한라산에 관

한라산과 서귀포시

한 지명속담이 있으니, '한라산이 금덩어리라도 쓸 놈이 없으면 못 쓴다.'라는 것이다. 그 뜻은 아무리 귀중한 재물일지라도 그것을 쓸 줄 아는 사람이 있어야 제 진가를 발휘한다는 말이다. 또, 아무리 많은 재물을 가지고 있을지라도 쓰지 않으면 그것은 아무런 소용이 없으므로 재물을 유효적절하게 사용하도록 교훈하는 말이기도 하다.

우리나라에서 가장 큰 섬, 제주도의 봉우리이며 남한에서 가장 높은 산, 한라산을 금덩어리로 비유했다. 실로 이런 금이 있다면 금덩어리 중에 가장 무게가 많이 나가는 금일 것이다.

남창장(南倉場)

남창장은 전라남도 해남군 북평면 남창리에 있는 2일과 7일에 열리는 정기시장(오일장)이다. 남창(南倉)은 지명 그대로 완도로 들어가는 곡물 등 각종 물품을 잠시 창고에 비축한다는 뜻이다. 남창은 해남, 강진과 완도를 이어주는 교통의 길목이었기 때문에 이곳과 완도를 이어주는 다리가 생기기 이전에는 상당량의 물동량이 이곳에 모였다. 완도를 비롯한 인근 섬에서 잡은 각종 생선도 배에 실려 왔다. 그리하여 남창장은 큰 장시로 성장했다. 오일장의 시작은 공식적으로 1964년이나 이전부터 농수산물 생산자와 소비자가 만나 자연스럽게 거래가 이뤄지고 있었다.

싱싱한 해산물과 농산물이 많이 나오는 남창장에서 제대로 장을 보기 위해서는 일찍 서둘러야 했다. 특히, 어물들이 싸고 싱싱한 탓에 순식간에 팔려나가 8시가 넘으면 벌써 떨이가 시작되기 때문이다. 장은 새벽부터 열리고 7시쯤 되면 차량 진입이 힘들 정도가 되어 차를 멀찍이 주차하고 시장까지는 걸어가야 했다. 그래서 영문을 모

르는 외지인들이 장 구경을 왔다가 허탕을 치고 가는 일이 많았다고
한다. 이렇게 해서 등장한 지명속담이 '허망한 남창장'이라는 것이다.
전라남도 해남 지방에서 주로 쓰는 말로, 겉만 그럴싸하고 내용이 별
로 없는 상황을 일컫는다. 다른 오일장과는 달리 남창장은 아침 일찍
장이 서고 점심 먹고 나서는 파장이 되어버린다는 데서 이 지명속담
이 나왔다.

제주도 밀감까지 들어왔던 남창항(南倉港)은 한때 강아지도 만 원짜
리를 물고 다닌다는 말이 있을 정도로 남창장과 함께 번성했다. 그러
나 완도대교 준공 후 지금은 인근의 마량항과 완도항에 밀려 몇 척의
어선만을 거느린 어항으로 쇠퇴해 버렸고 남창장만 명맥을 유지하고
있다.

부안(扶安)

부안 지명을 단 부안의 속담으로는 '부안 댁 가라말(扶安宅加羅馬)'을 들 수 있다. 풍채는 좋으나 속이 비었다는 뜻이다. 비슷한 속담인 '빛 좋은 개살구', '허울 좋은 하눌타리'를 연상하면 속담의 의미를 쉽게 이해할 수 있다. '보기는 좋고 실속은 없다.' 또는 '분수에 지나칠 정도로 호화롭게 치장하고 으스댄다.'라고 빈정거릴 때 이 지명속담을 쓴다.

지명속담에 등장하는 부안 댁은 누구일까? 여기서 댁(宅)이란 부인의 친정 동네 이름 뒤에 붙어, 그곳에서 온 부인이라는 뜻으로 쓰는 호칭이다. 부안 댁은 부안 출신의 부인을 말하는 것으로, 1594년 8월 2일에 기록된 『난중일기』의 '부안 댁'이 부안 댁으로서 유명한 인물이다. 그 부인은 윤연의 누이로서 이순신의 족보에는 오르지 못한 이순신의 부인, 부안 댁이었다. 속담이 말하는 부안 댁은 이순신의 부인을 말하는 특별한 부인이든지, 아니면 부안 출신의 평범한 일반 부인이든지 간에 둘 다 가능성이 있다. 그리고 지명속담 속의 '가라말'은

털빛으로 구분한 말(馬)의 한 종류인데, 털빛이 온통 검은 말을 일컫는다. 여기서 '가라(qara)'라는 말은 몽골어에서 왔다.

그러고 보면 어쩐지 부안 댁과 가라말은 서로 잘 어울리지 못하는 모양새이다. 풍채는 좋으나 속이 비었다고 하니까 말이다. 부안 댁이 말, 그것도 가라말을 탔는지는 정확히는 알 수 없으나 설령 말을 탔을지라도 부인이 말을 이용했다는 것은 정상적이지 않은 상황에서 그렇게 했을 것이기 때문이다.

담양(潭陽)

> • 담양 갈 놈

담양과 관련한 지명속담에는 '담양 갈 놈'이라는 속담이 전해 내려온다. 담양으로 유배 갈 놈이라는 뜻으로, 남을 욕하거나 업신여기어 천하게 대우하는 말이다. 조선 시대에는 사형보다 한 단계 아래의 큰 죄를 지은 자들을 별도의 형벌로 다스렸는데, 바로 유배형(流配刑)이었다. 유배형을 받은 자들은 주로 먼 거리로 보내는 것이 기본적인 원칙이었으며, 죄인의 거주지에 따라 유배지가 정해졌다. 예를 들어 죄인이 전라도에 사는 경우, 유배지로는 경상도, 강원도, 함경도의 고을이나 해안으로 한정되었다.

유배지 가운데 가장 혹독한 곳으로는 아무래도 삼수, 갑산과 같은 함경도 변경 지역이나 흑산도, 추자도, 제주도 등 전라도의 외딴섬을 들 수 있다. 이들 지역은 거리도 거리지만 워낙 변두리이다 보니 해당 지역 사람들이 살기에도 기후나 물자 등 생활 여건이 열악했다. 특히, 섬 지역은 육지와 차단되어 있어서 유배인들이 유배지를 이탈할 염려가 없는 최적의 유배 장소였다. 반면, 유배인들에게는 운 좋게 중간에 사면되어 유배에서 풀려나거나 죽지 않는 한, 절대로 벗어날 수 없는 악몽과 같은 땅이었다.

조선 초기까지만 해도 아무리 먼 유배지라고 하더라도 변경 지역이나 해안 마을에 죄인을 유폐시키는 것이 고작이었다. 그러나 조선 중기 이후 정쟁이 격화되면서 이들 지역 대신에 섬 지역으로의 유배가 크게 늘었다. 특히, 제주도를 비롯한 남해안 다도해의 여러 섬이 유배지로서 애용되었다.[95] 최근에 상영된 영화 〈자산어보〉(2021)의 주인공 정약전이 유배당한 곳이 흑산도였던 것처럼 말이다.

그래서 으레 유배지라 하면 육지에서 멀리 떨어져 있는 섬을 떠올리기가 쉽다. 하지만 그렇지 않은 지역도 있었는데 그 지역 중에 담양이 있었다. 영산강이 발원하는 상류 지역이어서 산이 높고 골은 깊었던 담양은 한양에서 멀리 떨어져 있는 곳으로 유배지로서 적합했다. 이것을 증명이나 하듯이 1404년 송희경이 사간원과 사헌부의 마찰에 휘말려 담양에 유배됐다는 사실과 『세종실록』(1449년)에 수도정 이덕생을 담양에 유배했다는 기록이 있었다. 그리고 양녕대군의 증손 이서(1484~?)는 중종 2년(1507)에 견성군 이돈을 왕으로 추대하려는 역모에 연루되어 담양에서 유배 생활을 했다. 결론적으로 담양은 유배와 직·간접적으로 관련이 큰 고을이었던 게다.

---

95. 심재우, 2009

운봉(雲峰)

'다른 사람은 다 몰라도 누구는 내 마음을 알지!'라는 의미를 담은 지명속담이 있다. 바로 '운봉이 내 마음을 알지'라는 속담이다. 운봉이 사람 이름 같아 보이지만 그렇지 않고 남원 인근에 있는 고을 이름이다. 이 지명속담은 다음과 같은 이야기로부터 유래했다고 한다.

암행어사가 된 이 도령이 거지 차림을 하고 변 사또의 생일잔치에 나가자, 좌중이 모두 우습게 보고 쫓아내려고 했으나 운봉 영장[96]은 도둑 잡는 토포사(討捕使, 각 진영에서 도둑 잡는 일을 맡아보던 벼슬)라 눈치가 빨라서 통인 아이에게 "그 손님 거동을 보니 의복은 남루하나 기상이 준수하니 이리 모시고 오너라." 해서 이 도령을 잘 대접했다. 운봉 영장은 이 도령이 보통 사람이 아니라는 것을 한눈에 알아본 것이었다. 암행어사를 잘 알아보고 마음을 헤아려 대접한 사람이 운봉 영장이

---

96. 영장제(營將制)는 조선 후기 지방군을 효율적으로 운영하기 위해 설치한 제도이다. 정묘호란 이후 전임 영장제 시행으로 도별로 다섯 곳에 영(營)을 설치하고, 군사가 적은 강원도나 함경도에는 서너 곳에 영을 설치했다.

었기 때문에 운봉 영장을 줄여서 운봉이라고 해 지명속담의 표현을 간결하게 만들었다.

암행어사와 운봉 영장에 관한『춘향전』내용은 아래와 같다.

그때에 어사또난 조반 많이 먹고 동헌을 급히 가서, 구경꾼 함께 섞여 이리저리 다니다가 신명이 불쑥 나니, 여 가 우쭐, 저 가 우쭐, 여가 끼웃, 저 가 끼웃, 대상(臺上)으로 뛰어올라, "좌중은 평안하오?" 동인, 급창 달려들어, 옆 밀거니 등 밀거니 귀퉁이 곁 뺨 치니, 어사또 기가 맥혀 상기둥을 꽉 붙들고,

{아니리}

"예라, 이놈들! 가난한 양반 옷 찢어진다. 기둥 뿌리가 빠졌으면 빠졌지, 내가 나갈 사람 같으면 여기를 들어왔겠느냐!" 운봉이 곁눈으로 기둥 안고 섰는 어사또를 살펴보니 비범한 인물이라, 본관을 가만히 불러, "여보시오, 본관 영감! 저분을 보아 허니, 의복은 남루허나 양반이 분명허오. 관장(官長)된 우리네가 양반 대접을 아니 허면 누가 허오리까, 말석에 좌(座)를 주어 한 잔 대접해 보냅시다." "그러시다니 운봉 뜻대로 허시오만, 저란 사람은 하인청에서 대접헐 텐데 진찬한 일이오." 운봉이 "여봐라, 너, 저

냥반 이리 모셔라." 어사또 속으로,

{웅얼죄}

"안다, 안다, 운봉이 아는구나. 운봉이 과만(瓜滿)이 되었으나,
가삼년(加三年)을 시키리라."

여수(麗水)

여수는 근대에 들어와 돈이 많은 도시였다. 근대 어업의 전진 기지와 해상 교통의 중심지라는 여수의 지역 특성이 수산물은 물론이요, 물자와 사람까지 끌어들였다. 그야말로 여수는 돈이 모여드는 장소였다. 첫째, 여수 돈의 역사는 바다로부터 시작되었다. 여수는 풍부한 수산물 덕분에 오랜 세월 동안 당연히 살기 좋은 곳으로 알려졌다. 그래서 흉년에도 굶어 죽은 사람이 없었다고 한다. 1960년대 여수는 수산업이 지역경제에서 차지하는 비중이 70%였다. 출어하기만 하면 만선이 되어 돌아왔다. 자연스럽게 목돈을 만진 선원들의 씀씀이가 술집에서 커졌다. 당시 교동 일대의 요정과 룸살롱 등 고급 술집 80여 곳이 문전성시를 이루었던 것은 이 때문이다. 이때부터 술집 접대부들을 중심으로 '여수 가서 돈 자랑하지 말라.'는 말이 퍼졌다고 한다. 그만큼 여수에 돈이 많았음을 의미한다.

둘째, 여수에 돈이 모여든 것은 해상 교통의 중심지라는 지리적인 조건이 한몫했다. 여수에서 순천이나 광주권으로 육상 교통이 불편

할 때는 상대적으로 배를 이용한 부산과의 교류가 더 편리했다. 부산에서 어구나 의류, 각종 소모품이 배를 통해 여수 구항으로 들어오게 되면 자동으로 불티나게 팔렸다.

셋째, 여수는 지역 경제의 중심지였다. 장날이면 인근 고흥, 남해 등지에서 상인들이 몰려와 농산물, 수산물, 공산품을 활발히 거래한 덕을 단단히 보았다. 그야말로 자립과 소비, 적절한 상거래가 당시의 여수를 경제의 메카로 자리 잡게 했다. 풍부한 수산물과 그에 따라 발달한 수산물 가공 산업으로 인해 많은 돈이 여수에 몰렸다.

그러나 어족 자원의 고갈에 따른 연쇄적인 지역의 경기 쇠퇴는 누구도 예측하지 못했다. 게다가 유류비, 인건비 등 출어 경비가 크게 올라 조업을 포기하는 어선이 크게 늘었다. 어획량의 감소는 수산 가공업에 필요한 원료마저 제대로 구하지 못해 가공 산업마저 차차 문을 닫는 처지가 됐다. 여수의 돈 자랑 얘기는 여기서 멈추기 시작했다.

충청도의 지명속담

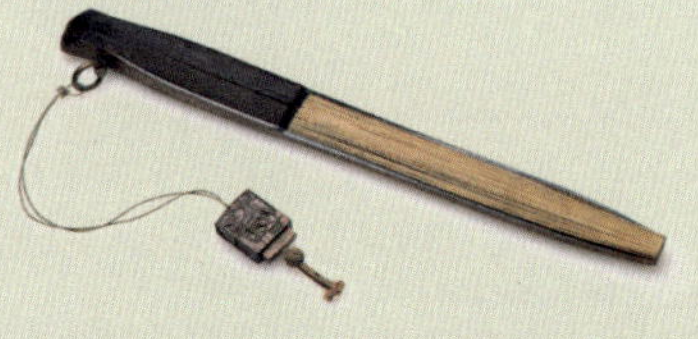

9

보은(報恩)

아가씨, 처녀, 색시 등 여성이 등장하는 지명속담이 형성되어 있는 고을이 있다. 충청북도 보은군이다. '보은 아가씨 추석 비에 운다.', '삼복에 비가 오면 보은 처녀 울겠다.', '뾰족하기는 청보은(靑報恩) 색시 입 같다.'와 같은 속담에서 지명이 '보은'이라는 사실은 쉽게 알 수 있다. 하지만 지명속담들 속에 숨겨져 있는 공통적인 열매가 무엇인지 찾아내기는 쉽지 않다. 속담을 맛깔나게 하는 이 나무 열매는 바로 대추이다. 보은 지방은 예로부터 대추 중에서도 '약대추'[97]라 불리는 대추의 산지로 유명했다. 이것을 증명하듯 보은 대추는 조선 초기부터 조선 시대 내내 궁중에 올려보내는 진상품이었다.[98] 진상할 정

---

[97]. 오늘날에는 재래종 보은 대추와는 유전적으로 가장 거리가 먼 복조 대추를 주로 재배하고 있다.(문효연·정명철, 2015)

[98]. 조선 초기에 편찬된 『세종실록지리지』(1454)를 비롯한 각종 지리서에 의하면, 대추는 보은 지방의 주산물이었다.

도로 품질이 좋았으니, 주민들은 주로 대추를 재배해 생계를 이어갔다.[99] 따라서 대추는 보은 주민들을 먹여 살리는 주요 소득원으로서 역할을 톡톡히 했던 특산물이었다.

이처럼 대추 농사가 주요 수입원인데 삼복이나 추석에 비가 와서 대추 농사를 망쳐 놓으면 수확량이 줄어들거나 거의 없어 생계에 어려움이 닥친다. 그래서 보은 지방의 아가씨들은 혼수 마련을 걱정해 운다는 것이다.[100]

그런데 삼복에 비가 오면 왜 대추 농사에 문제가 생기는 걸까? 대추꽃은 대략 6~7월에 피기 시작해서 삼복과 개화 시기가 겹치는데, 이때 비가 오면 제대로 수분을 맺지 못해 결국 대추 흉년이 들기 때문이다. 그리고 9~10월에 찾아오는 추석은 대추의 수확기로 이 시기에 내리는 비도, 특히 태풍 등의 폭풍우가 들이닥치는 경우, 개화기와 마찬가지로 대추의 수확량을 감소시키는 요인이 된다. 비 오고 흐린 날씨는 건대추 생산에도 지장을 초래한다.

'뾰족하기는 청보은 색시 입 같다.'라는 지명속담은 충청도의 청산(靑山) 지방과 보은(報恩) 지방이 대추 산지이기 때문에 대추를 많이 먹

---

99. 영로(嶺路)-증항(甑項) : 동쪽 40리 상주 함창으로 가는 샛길이며 증항 서쪽 10리에 관기(館基)가 있는데 들이 넓고 땅이 비옥하여 일읍(一邑)에서 가장 살기 좋은 곳이며 '대추'를 팔아 살아간다.(대동지지, 1865)
100. 이철수, 1998

고 자라난 처녀들의 입같이 뾰족하다는 말이다.[101] 하도 대추를 먹고 씨는 툭툭 뱉어내서 그런 모양을 가지게 되었다는 이야기가 있다.

보은 지방이 대추 명산지였다는 역사적 증거 자료는 곳곳에서 찾을 수 있다. 첫째, 조선 초기에 편찬된『세종실록지리지』(1454)를 비롯한『동국여지지』(1662),『여지도서』(1760),『충청도읍지』(헌종초기),『대동지지』(1865),『호서읍지』(1871),『충청북도 각군읍지』(1899),『조선환여승람』(1936) 등의 지리서에 의하면, 대추는 보은 지방의 대표적인 공물(貢物)이었다.

둘째, 허균이 지은『도문대작』(1611)이라는 음식 품평서는 '(대추는) 보은에서 생산된 것이 제일 크고 좋다. 뾰족하고 색깔은 붉고 맛은 달다.'라고 기록하고 있다. 또, 조선 민속의 유래를 밝혀 놓은『동국세시기』(1849)는 '보은 지방이 지리적으로 대추가 잘 열리는 곳'이라고, 여성 생활 백과인『규합총서』(1809)는 '팔도의 대표 농특산물은 보은 대추'라고 기록하고 있다.[102]

이와 같은 보은 대추의 유명세는 네 가지의 지리적 배경[103]이 있었기에 가능했다. 첫째, 지형 조건으로, 보은은 내륙지방으로 소백산맥과 노령산맥으로 둘러싸인 커다란 분지이다. 이곳 대추의 재배지는

---

101. 이철수, 1998
102. 임산물 지리적 표시 등록 제27호(지리적표시 가이드북) '보은 대추'
103. 보은 대추 지리적 표시 등록 현지 조사 보고(산림청, 2009)를 참조했다.

색을 입어가는 보은 대추

주로 산지나 완만한 경사의 구릉지여서 배수가 양호하다. 그래서 대추의 재배 여건이 좋다. 둘째, 토양 조건으로, 보은 대추의 재배지 토양은 황토질이 섞인 사양토와 양토가 90.6%를 차지하고 있어 배수성, 보수성과 통기성이 양호하다. 좋은 통기성은 과실 품질을 높이는 성분(칼슘, 칼륨, 마그네슘 등)을 흡수하는 데에 유리하다. 셋째, 일교차와 일조시간 조건으로, 보은 대추가 다른 지방의 대추보다 당질 함량이 많아 당도가 높고 사포닌(또는 영양성분)의 함량이 높은 것은 내륙 산간지대인 보은의 큰 일교차와 긴 일조시간의 영향을 받아서이다. 넷째, 바람 조건으로, 보은은 분지 지형으로 바람의 세기가 약하여 풍해와 낙과 피해가 적다. 특히, 낙과 피해를 크게 입히는 태풍의 영향을 적게 받아 대추의 안정적인 재배가 가능하다.

보은의 양호한 대추재배 조건은 오늘날에도 여전히 유효하다. 보은 지방은 속리산 청정지역의 깨끗한 자연환경과 풍부한 일조량, 큰 일교차 등의 천혜의 자연조건을 가지고 있어, 대추의 당도가 높고 열매가 크며 과육이 많아 생대추로 먹기에 좋다. 또, 보은 대추는 건조했을 때 주름이 일정하여 속살이 탄탄하며 색깔이 맑고 선명한 것이 특징이다. 또한, 탄수화물, 칼슘, 칼륨, 철 등의 무기물, 사포닌 성분이 많아 영양이 우수하다. 그리하여 보은 대추는 지리적 표시제 임산물 제27호에 등록되어 품질을 인증받고 있다.[104]

---

104. 임산물 지리적 표시 등록 제27호(지리적 표시 가이드북) '보은 대추'

은진(恩津)과 강경(江景)

강경은 고려와 조선 시대에 충청도 은진현(恩津縣)[105]에 속한 교통 및 상업의 중심 도시였다. 은진현의 강경은 금강 하류에 위치해 내륙 수상 교통과 해상 교통이 발달한 포구였고, 조선 후기에 이르러서는 전국에서 이름난 장시 중의 하나였던 강경장(江景場)이 열리는 곳이었다. 당시 강경포에는 충청도와 전라도는 물론 함경도의 물산까지 모여들어 도회지(都會地)를 이루고 있다고 『택리지』는 기록했다.

그러므로 중심 도시 강경 없이 은진이 존재하기란 여간해서 쉬운 일이 아니었다. 여기에서 나온 지명속담이, '은진은 강경으로 꾸려 간다.'이다. 은진은 강경 덕분에 버티어 나갈 수가 있다고 함이니, 남의 힘을 입어서 겨우 버티고 견디어 나간다는 뜻이다. 은진의 살림은 강경의 상업 활동으로 꾸려 간다는 것이다.

---

105. 은진현의 현(縣)은 조선 시대 행정 구역 중 종6품 현감(縣監)이 다스리는 최하위 계층의 말단 행정 구역 단위였다.

은진현의 교통 및 상업 중심지 강경과 관련한 또 다른 지명속담이 있는데, '강경장에 조깃배 들어왔나.'라고 하는 것이다. 분주하고 소란스러운 모습을 비유하여 이르는 말이다. 수로 교통이 편리했던 강경포에는 성어기인 3~6월의 4개월 동안 하루 100여 척의 배가 드나들었다. 서해로부터 오는 수산물로 크게 북적였을 강경장의 모습이 선하게 그려진다.

강경은 앞에서 언급했듯이, 금강 연안에 자리 잡은 해안과 내륙을 이어주는 중요한 수로 교통의 중심지였을 뿐만 아니라 상업의 중심지였다. 강경이 교통 및 상업의 중심지가 될 수 있었던 입지 조건은 다음과 같다. 첫째, 서해로 유입하는 하천인 금강 연안에 있었던 강경포는 밀물 때 조수가 상류의 부여까지 영향을 미치는 감조하천 구간에 있었다. 이로써 서해에서 강경포까지 항해하는 배들은 조수를 이용해 강을 쉽게 거슬러 올라갈 수 있었다.

둘째, 강경이 금강 연안에서 가장 큰 하항이 될 수 있었던 까닭은 강경포의 지형 때문이었다. 강경포 주변의 시진포, 증산포 등지에도 조수가 통했지만, 이들 지역은 홍수나 조수로 인하여 침식되거나 토사 퇴적으로 대형 선박의 통행이 가능하지 못했다. 그러나 강경포의 거점지역은 화강암층이 탁월하게 발달하여 홍수 때 주변이 범람하여도 선박의 정박이 가능했다.

셋째, 강경은 금강 연안의 주요 지역과의 수운(水運)은 물론 육상 교통도 편리했다. 전라도와 충청도를 잇는 중요한 길목이었다. 이런 이유로 금강 유역 생활권과 이 생활권을 넘어선 다른 생활권 간의 교통 및 상업적 교류 활동에서 중심지 기능을 수행할 수 있었다.

강경에서 유통된 상품은 다양했다. 쌀을 포함한 곡물은 서울에서 제주도까지 전국에 공급되었으며, 도기, 토기, 철물 등의 수공업 제품, 전라도의 면포, 서해안에서 생산된 어염(魚鹽)을 비롯한 해산물, 심지어 함경도 원산에서 나는 북어까지 강경포로 들어와 유통되었다. 이렇듯 강경은 금강 유역에서 생산된 농산물을 전국으로 반출(搬出)해 나가는 핵심 시장이었으며, 동시에 전국 각지의 상품이 반입되어 금강 수로를 통해 다시 금강 주변 지역에 분배했던 전국 포구 시장권의 중심 시장이었다.

강경은 1799년 약 6,000~7,000명의 인구에다 상설시장이 개설된 상업 도시로 발전했다. 1870년에 이르러 2대 포구(원산, 강경), 3대 시장(평양, 강경, 대구)으로 발전했다. 19세기에는 큰 도시로 주목받았고, 미곡(米穀)의 집산지로서 강창(江倉)을 거쳐 한양으로 운송되는 조세 수송에서도 중요한 지역이었다.[106]

1900년대 들어 강경은 조선에서 근대화의 수혜를 입는 첫 번째 지역 중 하나가 되었다. 일본인들은 강경에 대거 진출하여 시장에 각종

---

106. 최완기, 1990

구한말 강경포구

상점과 금융 건물을 세웠다. 강경은 전성기에 인구가 3만 명이었고 유동 인구는 10만 명에 달했다. 1920년대 강경은 충청남도에서 처음 전기가 들어온 도시였다. 근처에 세워진 소규모 수력발전소에서 전기를 공급했다. 강경극장도 세워졌다.[107]

그러나 1911년 호남선 철도의 대전-강경 구간이 개통되고, 이듬해 군산선(익산 - 군산) 철도가 개통됨으로써, 하항(河港)의 이점을 살린 강경의 상업 기능은 차츰 호남선에 넘어가게 되었다. 1931년 장항선이 개통됨에 따라 강경포는 충남 서남부의 상권마저 상실하게 되었다. 강경은 현재 극히 제한된 지역 시장으로서 명맥을 유지하고 있다.

강경의 부귀영화는 철도의 등장과 함께 쇠락해 갔다. 새로운 교통

107. 최완기, 1990

1930년대 강경포구

수단의 등장은 새로운 중심지를 만들고 거기에 사람과 물자가 몰려든다. 하지만 기존의 중심지는 상대적으로 쇠퇴하는 과정을 밟는 게 보통이다. 강경도 이를 비껴갈 수 없었다. 한편 하천 하류부의 평야가 농경지로 개발되면서 염해를 입는 감조하천 구간에 대한 개발이 시작되자, 금강 하구에 하굿둑을 축조하여 항행(航行)에 도움을 주었던 감조하천 구간도 사라졌다.[108]

108. 『한국민족문화대백과사전』 '감조하천'

• 강경 사람 벼락 바위 쳐다보듯 한다.

강경 지명속담에 '강경 사람 벼락 바위 쳐다보듯 한다.'라는 것은 어떤 특징적인 것을 자꾸 쳐다본다는 뜻이다. 강경의 벼락 바위는 강경에 전해 내려오는 벼락 바위 이야기에 근거를 둔 것이다. 벼락 바위는 말 그대로 벼락을 맞아 바위가 둘로 갈라진 것을 말한다.

합덕(合德)

> • 합덕 방죽에 줄 남생이 늘어앉듯
>
> • 마누라 없이는 살아도 장화 없이는 못 산다.(합덕 지방 속담)

덕을 모은다는 의미의 '합덕(合德)'이란 지명은 합덕제(合德堤) 저수지 제방을 다질 때 주민들이 호흡을 맞춘 가락에서 유래를 찾는다. 조선 3대 수리 시설[109]로 꼽혔던 합덕제는 견훤이 후고구려와 싸울 때 병사와 군마에게 물을 먹이기 위해 축조했다고 전해진다. 그 후 여러 차례 중수하여 고려 시대에 와서는 전국적인 규모가 되었다. 조선 시대에 들어와서도 정조를 비롯하여 여러 임금이 중수에 중수를 거듭해 큰 저수지가 되어 합덕 평야 관개에 큰 몫을 했다.

합덕제 방죽과 연계해 나온 속담이 있었으니, '합덕 방죽에 줄 남생이 늘어앉듯'이란 지명속담이 그것이다. 방죽에 남생이가 줄지어 앉

---

109. 홍주의 합덕지(合德池)와 연안의 남대지(南大池) 등을 수축한 조선 후기의 유명한 치수 공로자인 홍이계는 그의 『남대지소예기』에서 '남대지는 호서의 합덕지와 영남의 공검지와 더불어 동국 삼대지(三大池)의 하나이다.'라고 기록하고 있다. (당진신문에서 재인용)

아 있듯이, 즉 둑에 남생이들이 줄지어 앉아서 볕을 쬐고 있는 모습과 같이, 많은 사람이 열을 지어 늘어앉은 모양을 비유하는 말이다.

합덕제에는 연꽃이 만발하여 장관을 이루는데, 합덕 8경에도 하호낙안(荷湖落雁, 합덕 방죽에 내려앉은 기러기)이라 하여 합덕 방죽을 표현한 시가 있다. 연꽃 속에 남생이가 많이 있어서 날씨가 좋을 때는 저수지 가에 나와 줄지어 앉은 것이 가관이었다. 그래서 사람들이 열을 지어 많이 늘어앉은 것을 보면 '합덕 방죽에 줄 남생이 앉듯'이라는 속담이 떠올려졌다.

합덕에서 예산까지 이어진 삽교천 유역에는 끝없이 들판이 펼쳐져 있다. 조수의 영향으로 아산만에서 바닷물이 내륙 깊숙이 흘러들어오는 이곳을 '안개(내포)'라고 부른다. 또, 너른 들에 소밖에 보이지 않는다고 해서 '소들 평야'라고도 불렀다. 삽교천 주변 들녘은 오래전부터 갯벌을 간척해 넓혀지고 다져져 온 토지가 많았다. 삽교천 하류에 있는 합덕 평야에는 질거나 젖어 있는 길(개흙 길)이 많아 장화가 없으면 제대로 걸어 다니기 힘들 정도였다. 이런 토양의 특성으로 인해 형성된 이 지방의 속담이 있는데, '마누라 없이는 살아도 장화 없이는 못 산다'라는 표현이다.

지명속담의 배경이 된 합덕제에 대해 좀 더 살펴보자. 합덕제 주변은 원래 바닷물에 잠기는 갯벌이었다. 조상들은 갯벌을 간척하여 농지를 조성했고, 합덕제 저수지에서 농업용수를 공급받았다. 합덕제

합덕 방죽과 논

덕분에 합덕 지방은 한국을 대표하는 곡창지대가 될 수 있었고, 주민들의 삶의 질도 높아지게 되었다. 합덕제는 축조 과정에서부터 조상의 지혜가 스며들었는데, 그것인즉 성을 쌓는 방식과 같이 마을주민들이 함께 진흙과 나뭇가지, 낙엽을 켜켜이 쌓아 견고하게 만들었다는 사실이다. 또한, 7개의 수문을 조성하여 각 수문이 인근 마을에 물을 공급하도록 하였고, 이들 수문과 저수지는 각 마을에서 함께 관리하도록 했다.[110] 이런 이유로 합덕제는 2017년 10월, 국제관개배수위원회(ICID)가 지정하는 '세계 관개시설물 유산'으로 등재되었다.

합덕제는 현재 일부 흔적만을 남긴 채 사라졌다. 주변 7개 마을 넓

---

110. 합덕수리박물관(당진) 전시자료를 참고하였다.

은 들에 물을 대주던 합덕제의 관개 기능은 1960년대 초 인근 예산군에 예당저수지가 만들어지면서 사실상 막을 내렸다. 예당저수지 완공 후 합덕제는 일반 농지(논)로 분양해 완전히 망가졌다가 현재 일부만 복원된 상태이다. 1915년 지도에서 당시 저수지 둘레가 4.5km에 이르렀지만, 현재는 1,171m만 남아 있다. 저수지 일부를 연꽃 호수로 가꾸고, 제방과 장녹수의 땅이었던 호중도(湖中島)를 산책로로 연결해 공원으로 꾸며 놓았다.

온양(溫陽)

온양하면 제일 먼저 떠오르는 지역 특성은 많은 사람이 알고 있듯이 온천이다. 그래서 온양 지방에서는 온천에 관한 지명속담이 생겨날 수 있었다. 바로 '온양온천에 헌 다리 모이듯'이라는 속담이다. 유명한 온양온천에 다리가 헌 병자들이 많이 모인다는 뜻으로, 많은 사람이 어지러이 모이는 모양을 비유한다.

온양온천은 현존하는 문헌 기록상 국내에서 가장 오래된 온천으로 백제, 통일 신라 시대를 거쳐 그 역사가 1,300여 년이 되는 것으로 기록되어 있다. 1,300여 년 전 백제 때에는 탕정군(湯井郡), 신라 때에는 탕정주, 고려 시대 때에는 온수군(溫水郡)으로 불렀다. 탕정(湯井, 더운물이 솟는 우물)과 온수(溫水, 더운물)는 둘 다 온천(溫泉, 더운물이 샘솟음)이라는 말과 같이 '더운물'이라는 뜻이다.

세종 임금이 온양온천 행차 시(1442년) 온양군(溫陽郡)으로 개칭한 후 이곳은 줄곧 온양으로 불리었다. 이듬해 1443년 정월에 세종이 안질 치료차 행차한 후 현종, 숙종, 영조, 정조 등 여러 임금이 온양행궁에

온양온천(1912)

서 휴양이나 병의 치료차 머물고 돌아간 사례가 많았다. 이와 관련한 다수의 유적이 남아 있으며, 흥선대원군도 이곳에 욕실을 설비하였던 일이 있다. 그리고 현종, 숙종 때에는 온천에 임행(臨幸)하여 과거를 보게 하고 인재를 발굴했다는 기록이 남아 있다.

일제강점기에는 온양온천 주식회사가 온천장을 독점하여 경영하였고, 1927년 이후에는 경남철도 주식회사가 경영하던 신정관과 일본인 소유의 탕정관 등 2개소뿐이었으나 1963년에는 신천개발이 온천을 개발한 것을 계기로 한때 38개 온천공이 온양온천 중심부에 걸쳐 있었다고 한다.

이 온천은 지질이 단상 흑운모, 각섬석 화강암으로 되어 있으며 용

출되는 온천수의 수온이 57℃ 내외로 고열 온천이다. 온천수의 주요
성분은 마니타온을 함유한 라듐 온천으로 약알칼리성이다. 수질이
좋고 수량이 풍부하며 피부병, 부인병, 신경통, 위장병, 빈혈, 혈관경
화증 등 각종 질병 치료와 피부미용에 효과가 좋다고 한다.

아산(牙山)과 평택(平澤)

아산 지명속담은 이웃한 경기도 평택과 한 묶음이 되어 속담의 구조를 형성했다. '아산이 깨어지나 평택이 무너지나?'라는 지명속담이 그것인데, 이 지명속담은 두 지역의 순서를 바꾸어도 즉, '평택이 깨어지나 아산이 무너지나?'라는 어구로 바꾸어도 대중들에게 전달되는 의미는 똑같다. 그리고 이 지명속담은 '아산이 무너지나 평택이 깨어지나?'로 서술어를 고쳐 써도 상관없으며, 어떻게 표현되든 간에 '쌍방의 힘이 비슷하여 싸우는 기세가 등등하다.'라는 뜻을 가진다. 또는 '결판이 날 때까지 끝까지 해 보자고 벼를 때' 쓰는 말이다. 아산의 청국군과 평택의 일본군 사이의 전쟁을 지켜보던 조선 백성들의 입에서 흘러나온 자조적인 절규였다. 한편, 두 지방간 물 싸움질이 유명한 데서 그 유래를 찾기도 한다.

아산과 평택은 서로 이웃한 두 고을로, 형세가 비슷해 쌍방이 기세가 등등하게 경쟁할 때 속담에서처럼 곧잘 비유로 사용되었다. 지명속담의 유래는 동학농민운동에서 출발한다. 동학농민운동은 지배층

일본군이 진지를 구축했던 소사벌

의 수탈을 참다못한 농민들이 사회개혁, 외국 세력의 배척, 탐관오리의 숙청 등을 외치며 봉기한 혁명운동이다. 전봉준을 총대장으로 한 농민군은 '보국안민(輔國安民)'을 내세우고 창의(倡義)하여, 불만을 품은 농민들의 호응을 받아 그 기세가 갈수록 커졌다. 이에 당황한 정부는 청나라에 원군을 청하게 되었고, 일본도 거류민 보호를 구실로 군사를 일으켜, 마침내 청일전쟁(1894~1895)을 불러왔다. 이때 청군은 아산만에 상륙하여 성환으로 북상하고, 일군은 인천에 상륙하여 서울에서 내려오다가 성환과 평택 사이 소사 벌판에서 싸움이 벌어졌다. 속담은 이러한 역사적 사실이 바탕에 깔린 것이다. 그리고 이러한 역사적 배경은 일본이 아산 풍도(楓島) 앞바다에서 청군에 대하여 전단(戰

端)을 열고, 8월 1일 선전포고를 한 것과 관련성이 있다. 이때 일본 육군은 성환, 평양 등에서 전승하였고, 해군은 아산만 앞바다 풍도, 서해 등에서 청군을 격파하여 마침내 청일전쟁은 일본의 승리로 돌아갔다.

따라서 '아산이 깨어지나, 평택이 무너지나?'라는 속담은 아산이 이기느냐 평택이 이기느냐, 말을 바꾸면 일본이 이기느냐 아니면 청이 이기느냐를 결판내는 것을 나타내는 말에서 비롯되었다 할 것이다. 이것이 오늘날 일반화하여 '결판을 내다.' '끝장을 내자.'는 의미로 쓰이게 된 것이다.[111]

지명속담에 관한 동학농민운동 이야기를 다시 정리해 보자. 아산만 일대는 청일 전쟁터였다. 조선 조정은 1894년 4월 동학농민군의 서울 진입을 막기 위해 청나라에 파병을 요청했다. 이에 청나라는 6월 6일 2,460명의 병력을 아산 백석포에 상륙시켰다. 수심이 얕은 백석포로는 큰 함선이 곧장 들어올 수는 없었다. 아산만 가운데에 있는 영옹암(돌섬)에 큰 배를 정박시키고 둔포 등에서 징발한 작은 배를 이용해 들어왔다.

청군은 왜 한성 근처가 아닌 아산만으로 들어왔을까? 지도를 보면 아산만 백석포는 안성천의 하구 지역으로 서해에서 내륙으로 깊숙

---

111. 박갑수, 2015

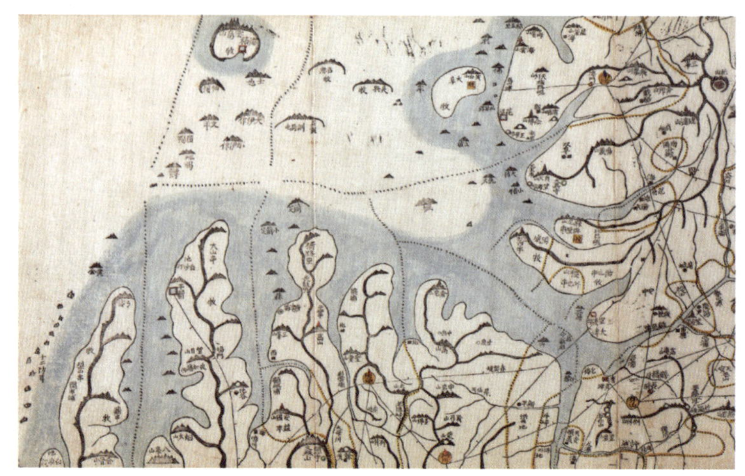

『대동여지도』 아산만 일대

이 들어간 곳에 있다. 고부군(古阜郡)을 근거지로 한 동학농민군의 서울 진입로로 예상되는 삼남대로까지 신속히 이동할 수 있는 해안이었다. 청군의 일부는 공주로 이동했고, 또 일부는 성환의 삼남대로가 지나는 곳에 주둔했다.

한편 청나라로부터 청군의 조선 파병 사실을 알게 된 일본은 조선 조정의 출병 항의에도 불구하고 6월 8일 제물포에 4,500명의 병력을 상륙시켰다. 하지만 6월 11일 전주성에서 농민군과 정부군 사이에 화의가 성립되어 농민군이 해산했고 이에 조선 조정은 양국에 철병을 요청했다. 그러나 일본은 물러나기는커녕 청나라를 몰아내고 조선에서 주도권을 잡을 목적으로 병력을 추가로 파견했다.

청일전쟁은 풍도에서 시작되었다. 풍도는 아산만 입구에 떠 있는 섬으로 남부 지방에서 한성에 가는 해상 교통의 요충지였다. 풍도 앞바다는 함선들이 만나는 장소였다. 특히, 청군의 보급 통로는 아산만 뿐이었으므로 만약 아산만을 봉쇄당하면 위험한 상황에 빠질 수 있었다. 반면 일본은 아산만을 봉쇄한 후 한성에서 육로로 남하하여 아산의 청군을 공격하는 전략을 세우고 있었다. 청군 함대가 풍도 해전에서 일본에 대패함으로 아산의 청군은 완전히 고립되었다. 반면 일본군은 원래 계획대로 고립된 청군을 공격할 수 있는 조건을 만들었다. 청군은 성환 월봉산 일대에 본진을 치고 북쪽으로 안성천까지 나아가 망루(망군대)를 구축하고 일본군의 남하를 기다리고 있었다. 이곳에 망루를 구축한 이유는 삼남대로가 통과하는 길목이었기 때문이다.

그리고 한성에서 남하한 일본군은 안성천 북쪽 소사벌(지금의 평택시 소사동 일대)에 진을 치고 공격 준비를 하고 있었다. 이때의 일촉즉발 위기 상황에서 나온 말이 '아산이 깨어지나, 평택이 무너지나?'라는 말이라고 한다. 지금은 많이 쓰지 않는 말이지만 당시에는 이 일대에서 꽤 회자하는 말이었던 모양이다.

천안(天安)

천안은 삼거리로 유명한 지방이다. 삼거리로 사람들이 모이게 되고, 사람들이 모이면 떠들썩해지지 않겠는가. 그래서 생겨난 말이 있었다. '떠들기는 천안삼거리라.'라고 하는 지명속담이다. 이것은 늘 끊이지 아니하고 떠들썩한 데를 비유하는 표현이다.

천안삼거리의 역사는 오래되었다. 천안은 조선 아홉 개의 대로 중 세 개의 대로를 통해 한양을 목적지로 하는 삼남 지방의 물류가 통과

천안삼거리(1974)

하는 교통의 요지였다. 조선의 대로는 지도에 표시된 것처럼, 한양-의주 간 대로를 제1로라 하고 이어 시계 방향으로 제2로, … 제9로라고 불렀다. 남해의 통영(제6로)과 제주…해남(제7로)에서 출발한 대로는 삼례에서 만나 천안으로 올라오고, 여기에 서해의 충청 수영(보령, 제8로)에서 시작한 대로가 천안에서 만나 삼거리를 형성했다. 지금으로 말하면 충청남도, 전라북도, 전라남도, 경상남도 서부 일대의 사람과 산물이 통행하여 북적대는 거리가 천안삼거리였다.

한편, 1601년(선조 34) 상주에 있던 경상감영이 대구로 이전하고 이듬해 충주에 있던 충청감영이 공주로 옮겨감에 따라 상주와 충주로 집중되던 교통로가 일부 대구 - 추풍령 - 천안 - 수원으로 변경되어, 영남대로의 중심에 있던 문경 - 유곡 - 조령 구간의 교통의 쇠퇴를 초래했다. 대구 - 추풍령 - 천안 - 수원으로 이어지는 교통로는 영남대로에 비교해 평탄하여 우마와 수레를 이용하기에 편리할 뿐 아니라 삼남대로와 교차한 까닭에 교통량이 증가하였으며, 이에 따라 도로변에 수원, 천안, 청주, 김천 등의 상업 도시가 발달하는 요인으로 작용하기도 했다.

18세기 후반 천안을 통과하여 한양에 이르는 제6~8로의 구체적인 경로는 다음과 같았다. 제6로는 호남대로(좌로)이며, 한양 - 동작나루 - 과천 - 금천 - 수원 - 천안 - 공주 - 삼례 - 전주 - 운봉 - 함양 - 고성 - 통영(986리)이고, 제7로는 호남대로(우로)이며, ~삼례 - 금구 - 태인 - 정

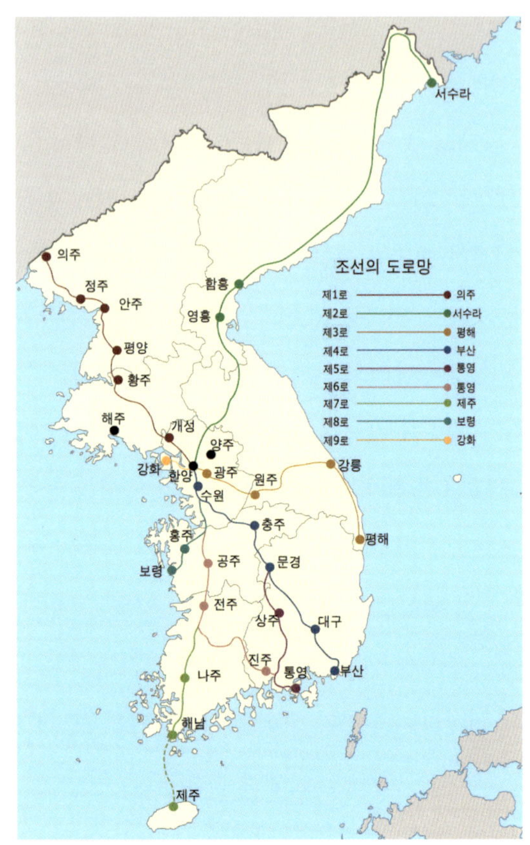

조선의 간선 도로망
홍주와 공주에서 수원 방향으로 갈 때 만나는 지점이 천안삼거리임.

읍 - 나주 - 해남 - (수로) - 제주(970리)이다. 그리고 제8로는 ~천안 - 신
례원 - 충청 수영112이다.

112. 충청 수영은 정3품의 수군절도사가 파견되어 충청도의 수군을 총지휘하던 곳이다. 성곽
은 1510년에 축조되었는데, 둘레는 약 1,650m였다. 보령시 천북면과 오천면 사이에 좁고 깊
게 육지로 들어온 만에서 썰물 때도 갯벌이 드러나지 않는 마지막 부분에 충청 수영 성곽을
만들었다.(서울대학교 규장각 지리지 종합정보)

진천(鎭川)과 용인(龍仁)

충청북도 진천과 경기도 용인에는 '생거진천 사거용인(生居鎭川死居龍仁)'이란 지명속담이 전해온다. 민간에서 전해 오는 설화에 근거해 전해지는 속담으로, '추천석'이란 사람이 진천에서 죽었는데 용인에 살던 사람과 이름이 같아 저승에 갔다가 다시 이승으로 내려와 용인의 '추천석'으로 환생했다는 이야기에 근거한 것이다. 이 이야기에 관한 자세한 내용은 아래와 같다.[113]

옛날 진천에 추천석이라는 사람이 살았다. 그가 하루는 아내 옆에서 잠시 잠이 들었다가 애절한 통곡 소리에 잠이 깼다. 눈을 비비고 상황을 살피니 아내와 자식들이 목 놓아 울고 있었다.

"아이고, 우리를 두고 먼저 저세상으로 가시다니요!"

---

113. 경기문화재단, 2017, 경기 옛이야기 특별전 '그 많던 옛이야기는 어디로 갔을까?'

추천석은 싸늘하게 식어 있는 자기 모습을 보고 소스라치게 놀랐다. 자신이 혼백 상태라는 걸 알아차릴 때쯤 저승사자들이 와서 그를 염라대왕에게 데려갔다.

"어디서 왔느냐?"
"예, 소인은 진천에서 온 추천석이라 하옵니다."
"뭐라고?"

염라대왕은 몹시 놀라 저승사자들을 꾸짖었다.

"용인 땅의 추천석을 불러들여야 하는데, 진천 땅의 추천석을 데려왔구나! 당장 데려온 추천석을 풀어주고 용인의 추천석을 데려오너라!"

알고 보니 두 사람의 이름과 사주팔자가 같아서 벌어진 일이었다. 추천석은 가족을 만나기 위해 쏜살같이 진천의 집으로 향했다. 그러나 이미 자기 몸은 땅에 묻히고 집에는 위패만 놓여 있었다. 추천석은 자기 몸을 찾을 수 없어 계속해서 아내를 불렀지만 소용없었다. 실의에 빠진 그에게 절묘한 생각이 떠올랐다. 추천석은 저승사자와 함께 용인으로 가서 아직 온기가 남아 있는 용인 추천석의 몸을 빌렸다. 통곡하던 용인 추천석의 가족들은 죽은 사람이 꿈틀대며 일어나는 모습을 보고 기쁨의 눈물을 흘렸다. 다시 살아난 추천석은 용인 추천석의 부인과 가족들에게 자초지종을 설명했지만 아무도 그의 말을 믿지 않았다.

다음 날, 추천석은 진천 집으로 가서 상복을 입고 있는 아내에게 그동안의 일을 설명했다. 모르는 남자가 자신이 남편이라 우기자, 진천 추천석의 아내는 모멸감을 느끼고 동네 사람들을 불러 모았다. 뒤따라온 용인 추천석의 아내는 남편이 미친 것 같다며 계속 용서를 구하다가 결국 모두 관아로 끌려가게 되었다. 원님은 모든 사연을 듣고 이렇게 판결했다.

"이승에서는 혼이 아닌 육체가 인정되니 추천석은 용인으로 가서 살아라."

추천석은 체념한 듯 용인으로 향했다. 용인 추천석의 가족들은 죽은 사람이 다시 살아 돌아왔다며 이전보다 더욱 극진히 대했고, 시간이 흐르자, 그도 서서히 새로운 생활에 적응되었다. 용인 추천석의 가족과 진천 추천석의 가족은 죽을 때까지 행복하게 살았다.

옛날 진천에 살던 어느 생원의 딸이 용인으로 시집가서 아들을 낳고 살다가 남편이 죽자, 재혼하여 어린 아들을 시집에 두고 진천으로 가서 살았다. 그녀는 그곳에서 아들을 낳고 남부럽지 않게 살았지만, 용인에 두고 온 아들이 늘 마음에 걸렸다. 후에 용인의 아들이 장성하여 친어머니를 찾았으나, 어머니가 막 세상을 떠난 후였다. 아들은 어머니의 시신이라도 용인에 모시고 싶었으나, 진천에 있는 아들의 반대에 부딪혀 관청에 도움을 청하였다. 이에 고을 원님은 고심 끝에 생전에는 진천의 아들이 모셨으니 죽어서는 용인에 모셔 제사 지내라는 판결을 했다. 이것은 생거진천 사거용인의 전승이 풍수설에 따른 것이 아니라 유교의 덕목 중 하나인 효성에서 비롯한 또 하나의 지명속담의 유래이다.

'살아서는 진천 죽어서는 용인'이라는 지명속담에 관한 마지막 유래는 조선 시대 관리였던 최유경(1343~1413)이 효심이 깊고 검소하고 바른 품성으로 이름이 높았는데, 그가 진천에서 태어나고 용인에서 죽은 데서 찾는다. 최유경은 세종으로부터 효자정문(孝子旌門)을 하사받고, 청백리로도 칭송받았다. 용인시 기흥구 공세동에는 그의 무덤과 그를 기리는 사당 '효렴사'가 세워졌다.[114]

이 지명속담은 두 지방의 지리적 특성을 통해서도 인증이 되고 있

---

114. 경기문화재단, 2017

다. 진천은 옛날부터 살기 좋은 고장으로 알려져 있었다. 진천평야라는 곡창지대를 끼고 있는 데다 자연재해의 피해가 적어 풍작인 경우가 많았기 때문이다. 반면에, 용인의 산하는 명당의 터전으로 유명했다. 풍수지리설에서 목마른 말이 하천의 물을 마시는 모양의 산이라고 이야기하는 이동면의 산만이 아니라, 용인은 전 지역이 명당자리로 유명해 명사들의 못자리가 많은 곳이었다.

충주(忠州)

- 충주 결은 고비
- 충주 자린고비
- 충주 달래 꼽재기 같다.

충주는 1395년 충청도 감영의 소재지였고, 영남에서 한양으로 향하는 교통의 요지여서 1789년에 이르러서는 한양, 평양 다음으로 인구가 많은 번성한 도시였다. 이런 이유로 이 도시의 부자와 관련한 지명속담이 생겨날 수 있었다. 예를 들면, '충주 결은 고비', '충주 자린고비', '충주 달래 꼽재기 같다.'와 같은 속담들이다. 충주 부자의 인색함 혹은 근검절약을 비유하고 있다는 공통점이 있다.

지명속담을 이루고 있는 단어의 뜻을 알아보면, '결은'은 '기름 따위가 흠씬 배다 또는 그렇게 하다.'라는 의미이고 '고비'는 '자린고비'의 '고비'와 같은 말로, '결은 고비'란 다라질 정도로 인색한 사람을 낮잡아 이르는 말이다. '충주 결은 고비'라는 지명속담은 어떻게 만들어졌을까? 이 속담은 충주 지방의 어느 부자가 부모의 제사를 지낼 때 지방(紙榜)을 매번 쓰고 불살라 버리기가 아깝다고 하여 기름에 결어서

"

제사 때마다 다시 꺼내 썼다는 이야기에서 생겨났다고 한다. 이야기에서처럼 '결은 고비'란 매우 인색한 사람을 비유할 때 쓰는 말이다.

'충주 자린고비', '충주 달래 꼽재기 같다.'라는 지명속담도 이와 같은 뜻을 가졌다. '충주 달래 꼽재기 같다.'라는 것은 '충주의 달래강 근처에 사는 꼽재기 같다.'라고 할 수 있다. 여기서 '꼽재기'는 '때나 먼지 따위와 같은 작고 더러운 물건' 혹은 '아주 보잘것없는 작은 사물'이라는 뜻으로, 역시 아니꼬울 만큼 잘고 인색한 사람을 비유할 때 쓰는 말이다.

인색하기 짝이 없는 구두쇠, 자린고비의 삶의 방식과 태도에 관한 이야기는 전국의 여러 지방에서 전해오는 설화이기는 하나, 특히 충주에서 활동한 자린고비가 가장 많아 '충주 자린고비'라는 말이 나왔다고 한다. 자린고비는 근검절약을 강조하는 경우가 가장 많았다.[115] '충주 자린고비'는 원래 '충주 겨른 고비'였다. '겨른'에서 '저른', 또 '자른'으로 되었다가 '자린고비'가 되었는데, 여기서 '고비'는 돌아가신 아버지[고(考)]와 돌아가신 어머니[비(妣)]를 일컫는 제사 용어이다. '자린고비'는 '종이를 아끼기 위하여 지방을 기름에 절여놓고 해마다 사용하는 사람'을 놀리는 말에서 유래한 것이다.

충주 자린고비로 전해오는 조선 인조 때의 인물을 한 사람 소개하

---

115. 최운식, 2007

고 싶다. 매우 검소한 생활을 하였던 조륵(1593~1863)이라는 인물이다. 한 가지 일화를 소개하면, 그는 조기 반찬을 상에 놓고 먹지 않고 천장에 매달아 놓고선 밥을 먹은 뒤 쳐다보았다. 아들이 밥 한 숟가락에 조기를 두 번 쳐다보자 "짜다 짜! 한 번만 쳐다보거라!"라며 야단을 치기도 하였다. 이처럼 조륵은 무모할 정도로 절약에 몰두하여 인색하기 짝이 없는 자린고비였다. 기이한 행동으로 인해 눈살을 찌푸리게도 하고 웃음이 터지게도 했다. 하지만 환갑을 계기로 해서 마음을 바꾸어 재산을 베풀면서 '자인고비(資仁考碑)'라는 별명을 얻었다고 한다. 조륵은 재물을 아껴 부를 축적했다는 점에서 근검절약 정신을, '재물을 과연 어떻게 쓰는 것이 좋은 것인가?'라는 질문에 대한 해답을 몸소 실천한 인물이었다.

사진출처

- 29쪽　「연광정연회도」 국립중앙박물관
- 30쪽　「부벽루연회도」 국립중앙박물관
- 30쪽　「월야선유도」 국립중앙박물관
- 32쪽　김준근 「포수행렵」 숭실대학교 한국기독교박물관
- 48쪽　「수선전도」 연세대학교 박물관
- 58쪽　남대문(1900) 위키백과
- 59쪽　남대문이 디자인된 우표(1947, 1982) 국가기록포털
- 64쪽　남산 봉수대 강순돌, 2021.7.21.
- 76쪽　서울 산줄기와 삼각산『대동여지도』, 1861
- 78쪽　드론으로 촬영한 북한산 백운대 포토코리아 - 한건우
- 82쪽　「인왕제색도」 속 인왕산 국립중앙박물관
- 84쪽　인왕산 치마바위 연합뉴스
- 86쪽　『조선왕조실록』에 근거한 호랑이 출현 지역 김남신 외, 2019, 44쪽
- 105쪽　『대동여지도』에서의 송파 서울대 규장각
- 124쪽　정조 능행길 수원문화원
- 128쪽　안성맞춤 유기 포토코리아 - 한국관광공사 김지호
- 140쪽　『1872년 지방지도』 만수산과 송악산 서울대 규장각
- 143쪽　파주 용미리의 마애이불입상 국가유산청
- 146쪽　최익현 초상화 한국민족문화대백과사전
- 152쪽　남양주 광릉 국가유산포털
- 156쪽　용문산 안개 중앙신문 김광섭
- 160쪽　봉산군 황해도중앙도민회
- 163쪽　구월산과 그 동쪽 재령평야 구글 위성지도

- 166쪽　구월산 나무위키

- 170쪽　신계곡산 미루벌 조선향토대백과

- 177쪽　굽이 달린 나막신 경기도박물관

- 189쪽　신의주(도시) 인근의 압록강 경남대학보사, 2016. 7. 11.

- 212쪽　두만강 상류 경향신문, 2022. 5. 6.

- 220쪽　금강산 삼선암 조선류일오편집사

- 234쪽　경주 남산 옥돌 https://blog.naver.com/edskange/221649874536

- 242쪽　작원관지 https://yahopet.co.kr/4054, 2022. 6. 15.

- 264쪽　홍두깨 표준국어대사전

- 270쪽　춘양을 감싸고 돌아가는 영동선 철도 네이버 지도

- 278쪽　제주마 방목지 포토코리아 - 한국관광공사 이범수

- 296쪽　색을 입어가는 보은 대추 https://blog.naver.com/kk201501/222894565845

- 301쪽　구한말 강경포구 논산시청

- 302쪽　1930년대 강경포구 논산시청

- 306쪽　합덕 방죽과 논 당진신문, 2009

- 309쪽　온양온천(1912) 위키백과

- 312쪽　일본군이 진지를 구축했던 소사벌 평택시청, 2013

- 314쪽　『대동여지도』 아산만 일대 국립중앙박물관

- 316쪽　천안삼거리(1974) 천안시청

- 318쪽　조선의 간선 도로망 위키백과

⋯▸ 본문과 표지에 사용된 사진의 출처를 가능한 한 표기하였습니다. 혹시 누락되었거나 수정이 필요한 부분이 있다면 출판사로 연락 주시기 바랍니다.

참고문헌

- 강만익. 2013. 「한라산지 목축경관의 실태와 활용방안」, 『한국사진지리학회지』 23(3).
- 고전문학연구회(편역). 2009. 『백운필』, 휴머니스트.
- 김남신·차진열·이승은·임치홍. 2019. 「조선왕조실록에 나타난 호랑이, 늑대, 표범의 서식 분포」, 『한국환경복원기술학회지』.
- 김종택. 1994. 『속담의 기능과 의미 구조』, 국립국어원.
- 김중섭. 2019. 「형평운동: 신분 차별과 인권 발견」, 『대한민국 인권 근현대사』 3, 국가인권위원회.
- 문효연·정명철. 2015. 「보은 대추농업의 전통 농업 기술 고찰 - GIAHS 등재 기준과의 관련성을 중심으로」, 『농업사 연구』 14권 1호.
- 박갑수. 2015. 『재미있는 속담과 인생』, 역락.
- 박일환. 2011. 『미주알고주알 우리말 속담』, 한울.
- 박정숙(엮음). 1999. 『서울 가려면 과천에서부터 긴다』, 향토문화자료 4, 과천문화원.
- 박호석 외. 2001. 「물레방아」, 『한국의 농기구』, 어문각.
- 신병주. 2014. 「'택리지'를 통해 본 이중환의 역사 인식」, 『동국사학』 58집.
- 오창명. 2017(봄). 「조선 시대 제주도 말 목장」, 『제주발전포럼』 제61호.
- 오홍석. 2008. 「안악 - 벌판 위로 솟은 산」, 『땅 이름 점의 미학』, 부연사.
- 이춘녕·채영암. 1986. 『한국의 물레방아』, 서울대학교출판부.
- 이철수. 1998. 「국어 속담의 지명어 연구」, 『지명학』 1권, 한국지명학회.
- 이중환 저(김홍식 역). 2006. 『청소년을 위한 택리지』, 서해문집.
- 조준수·이경재·한봉호·기경석. 2012. 「인왕산 소나무림의 변화와 문화 경관림 복원 방안 연구」, 『한국환경생태학회지』 26(2).
- 전인식, 경주 남산에 옥돌이 난다, 『월간 경주』, 2021년 3월.
- 정우봉. 2018. 「18세기 전반 홍중일의 백두산 기행문에 관한 연구」, 『대동문화연

구』제104집.

• 최완기. 1990. 「대동법 실시의 영향」 『국사관 논총』 12집.

• 최운식. 2007. 「자린고비 설화」의 전승 양상과 의미」 『청람어문교육』 제36호.

• 최해진. 2006. 『경주 최부자 500년의 신화』 뿌리깊은나무.

<u>**참고 사이트**</u>

들어가는 말

- 속담의 기능과 의미 구조 https://www.korean.go.kr/nkview/nklife/1994_2/4_2.
  html

제1장

2. 도명속담

경기도와 충청도

- 법률신문, 2024.6.21. https://www.lawtimes.co.kr/opinion/198613

평안도

- '평안감사향연도' https://namu.wiki/w/

경상도

- 위키실록사전 http://dh.aks.ac.kr/sillokwiki/

전라도

- 한겨레21, 2020.5.2. https://h21.hani.co.kr/arti/culture/culture_general/12935.html

제2장

1. 서울의 지명속담

남대문

- 한겨레신문, 2008.02.18. https://h21.hani.co.kr/h21/past.html

남산

- 한겨레21, 2009.09.24. http://h21.hani.co.kr/arti/special/special_general/25806.html

- 경향신문, 2004.11.4. https://m.khan.co.kr/life/travel/article/200411041538311#c2b

- 한겨레21 제779호, 2009.09.24. http://h21.hani.co.kr/arti/special/special_

general/25806.html

남산골

- 한국경제, 2011. 1. 28 https://sgsg.hankyung.com/article/2011012510861

- 조선리더스 뉴스 속의 한국사 2018. 9. 18. https://newsteacher.chosun.com/svc/
  news/list.html?catid=119

삼각산

- 최원석 교수의 옛 지도로 본 山의 역사 http://blogs.chosun.com/pichy91/2015/06/10/

인왕산

- 박상진, 인왕제색도 소나무 https://blog.naver.com/ilovewood/222679513561

홍제원

- 서대문구청 블로그, 2012. 2. 7. https://tongblog.sdm.go.kr/631

한강

- 서울특별시 [전시 기록 이야기 #5] 서울 지도에 나타난 한강의 변화 https://archives.
  seoul.go.kr/post/2037

양화도와 선유봉

- 중앙일보, 2015. 9. 22. https://www.joongang.co.kr/article/18717235

- 단비뉴스, 2021. 2. 1. https://www.danbinews.com/news/articleView.html?idxno=14056

2. 경기도의 지명속담

광주

- 광주문화원 광주의 역사 https://www.gjmh.or.kr/snb-history.html?html=gj-history.
  html

남양

- 부산일보, 2009. 1. 12. https://epaper.busan.com/01_paper/list.php?time=12601980
  01&sy=2009&sm=12&sd=08

수원

- 수원문화원 http://www.suwonsarang.com/sub/co_notice.php?&board_page=2&board_

mode=view&board_no=6287

안성

- 안성맞춤 박물관 '안성맞춤의 유래' '안성 유기의 특징' https://www.anseong.go.kr/
  tourPortal/museum/main.do

용문산

- 양평백운신문, 2008. 11. 21. http://www.ypnews.kr/news/articleView.html?idxno=13529

4. 평안도의 지명속담

평양

- 지역N문화 비오는 날 신는 나막신 https://ncms.nculture.org/woodcraft/story/3530

대동강

- 한국민속대백과사전 https://ncms.nculture.org/woodcraft/story/3530

압록강

- 한국외식신문 https://www.kfoodtimes.com/

5. 함경도의 지명속담

함흥

- 함흥차사 https://ko.wikipedia.org/wiki/%ED%95%A8%ED%9D%A5%EC%B0%A8%E
  C%82%AC

백두산

- 국립해양조사원 https://www.khoa.go.kr/

두만강

- 두만강 https://ko.wikipedia.org/wiki/%EB%91%90%EB%A7%8C%EA%B0%95

단천

- 연은분리법 https://www.joongang.co.kr/article/23113526

7. 경상도의 지명속담

밀양

- 용과 호랑이가 싸우는 모습을 흉내낸 밀양 용호놀이 https://ncms.nculture.org/ folkplay/story/4481

부산

- https://eretz2.tistory.com/51

- 부산역사문화대전 http://busan.grandculture.net/Contents?local=busan&dataType =01&contents_id=GC04219016

낙동강

- 중부매일, 2005.3.8. https://www.jbnews.com/news/articleView.html?idxno=117732

섭천

- 경남일보, 2019.4.30. https://www.gnnews.co.kr/news/articleView.html?idxno=410111

문경

- 경상도 관찰사 이임의 무대, 문경새재 교귀정 이야기 https://ncms.nculture.org/castle- road/story/13134

문경새재

- 경향신문, 2005.1.27. https://www.khan.co.kr/article/200501271550221

안동

- 『소년』, 제2권 제1호. https://www.hangeul.go.kr/webzine/202312/sub2_1.html

춘양

- 전국안전신문, 221.3.5. https://www.kbsecuritynews.com/122374

8. 전라도의 지명속담

제주도

- 프레시안, 2011.7.18. https://www.pressian.com/pages/articles/3982

- 제주의소리, 2011.4.13. https://www.jejusori.net/news/articleView.html?idxno=98248

- 위키백과 제주마 https://ko.wikipedia.org/wiki/%EC%A0%9C%EC%A3%BC%EB

　　%A7%88

남창장

- 해남신문, 2020.10.26. https://www.hnews.co.kr/news/articleView.html?idxno=55139

부안

- 일요서울i, 2024.9.4

담양

- 심재우, 2009, 머나먼 유배 길-조선의 유배(1), 한국역사연구회 https://history.zesmu.
　com/archive/view/3309

9. 충청도의 지명속담

은진과 강경

- 디지털논산문화대전 https://nonsan.grandculture.net/nonsan/toc/GC02000248

합덕

- 한국일보, 2019.07.16. https://www.hankookilbo.com/News/Read/201907161099373610

- 당진신문, 2009.11.30. https://www.idjnews.kr/news/articleView.html?idxno=5258

아산과 평택

- https://blog.daum.net/lovegeo/6781297

천안

- 위키실록사전 http://dh.aks.ac.kr/sillokwiki/

- 서울대학교 규장각 지리지 종합정보 http://kyujanggak.snu.ac.kr/

진천과 용인

- 경기문화재단, 2017, 경기 옛이야기 특별전 '그 많던 옛이야기는 어디로 갔을까?'
　https://ggc.ggcf.kr/

충주

- 지역N문화 https://ncms.nculture.org/traditional-stories/story/25